여행은

꿈꾸는 순간, 시작된다

여행 준비
체크리스트

D-60	여행 정보 수집 & 여권 만들기	☐ 가이드북, 블로그, 유튜브 등에서 여행 정보 수집하기 ☐ 여권 발급 or 유효기간 확인하기
D-50	항공권 예약하기	☐ 항공사 or 여행플랫폼 가격 비교하기 ★ 저렴한 항공권을 찾아보고 싶다면 미리 항공사나 여행플랫폼 앱 다운받아 가격 알림 신청해두기
D-40	숙소 예약하기	☐ 교통 편의성과 여행 테마를 고려해 숙박 지역 먼저 선택하기 ☐ 숙소 가격 비교 후 예약하기
D-30	여행 일정 및 예산 짜기	☐ 여행 기간과 테마에 맞춰 일정 계획하기 ☐ 일정을 고려해 상세 예산 짜보기
D-20	현지 투어, 교통편 예약 & 여행자 보험 및 필요 서류 준비하기	☐ 내 일정에 필요한 패스와 입장권, 투어 프로그램 확인 후 예약하기 ☐ 여행자 보험, 국제 운전면허증, 국제학생증 등 신청하기
D-10	예산 고려하여 환전하기	☐ 환율 우대, 쿠폰 등 주거래 은행 및 각종 애플리케이션에서 받을 수 있는 혜택 알아보기 ☐ 해외에서 사용할 수 있는 여행용 체크(신용)카드 준비하기

D-7	데이터 서비스 선택하기	☐ 여행 스타일에 맞춰 데이터 로밍, 유심, 이심, 포켓 와이파이
		  결정하기
		★ 여러 명이 함께 사용한다면 포켓 와이파이, 장기 여행이라면
		  유심 또는 이심, 가장 간편한 방법을 찾는다면 로밍

D-1	짐 꾸리기 & 최종 점검	☐ 짐을 싼 후 빠진 것은 없는지 여행 준비물 체크리스트 보고 확인하기 ☐ 기내 반입할 수 없는 물품을 확인해 위탁수하물용 캐리어에 넣기 ☐ 항공권 온라인 체크인하기
D-DAY	출국하기	☐ 여권, 비자, 항공권, 숙소 바우처, 여행자 보험 증서 등 필수 준비물 확인하기 ☐ 공항 터미널 확인 후 출발 시각 최소 2시간 30분 전에 도착하기 ☐ 공항에서 포켓 와이파이 등 필요 물품 수령하기

여행 준비물
체크리스트

필수 준비물

- ☐ 여권(유효기간 6개월 이상)
- ☐ 여권 사본, 사진
- ☐ 항공권(E-Ticket)
- ☐ 바우처(호텔, 현지 투어 등)
- ☐ 현금
- ☐ 해외여행용 체크(신용)카드
- ☐ 각종 증명서
  (여행자 보험, 국제 운전면허
  증, 국내 면허증 등)

기내 용품

- ☐ 볼펜(입국신고서 작성용)
- ☐ 수면 안대
- ☐ 목베개
- ☐ 귀마개
- ☐ 가이드북, 영화, 드라마 등
  볼거리
- ☐ 수분 크림, 립밤
- ☐ 얇은 점퍼 or 가디건

전자 기기

- ☐ 노트북 등 전자 기기
- ☐ 휴대폰 등 각종 충전기
- ☐ 보조 배터리
- ☐ 멀티탭
- ☐ 카메라, 셀카봉
- ☐ 포켓 와이파이, 유심칩
- ☐ 멀티어댑터

의류 & 신발

- ☐ 현지 날씨 상황에 맞는 옷
- ☐ 속옷
- ☐ 잠옷
- ☐ 수영복, 비치웨어
- ☐ 양말
- ☐ 여벌 신발
- ☐ 슬리퍼

세면도구 & 화장품

- ☐ 치약 & 칫솔
- ☐ 면도기
- ☐ 샴푸 & 린스
- ☐ 바디워시
- ☐ 선크림
- ☐ 화장품
- ☐ 클렌징 제품

기타 용품

- ☐ 지퍼백, 비닐 봉투
- ☐ 보조 가방
- ☐ 선글라스
- ☐ 간식
- ☐ 벌레 퇴치제
- ☐ 비상약, 상비약
- ☐ 우산
- ☐ 휴지, 물티슈

출국 전 최종 점검 사항

① 여권 확인
② 항공권의 출국 공항 터미널 확인
③ 위탁수하물 캐리어 크기 및 무게 측정
  (항공사별로 다르므로 홈페이지에서 미리 확인)
④ 기내 반입 불가 품목 확인
⑤ 유심, 포켓 와이파이 등 수령 장소 확인

리얼
나고야

다카야마 게로
시라카와고

여행 정보 기준

이 책은 2024년 12월까지 취재한 정보를 바탕으로 만들었습니다.
정확한 정보를 싣고자 노력했지만, 여행 가이드북의 특성상
책에서 소개한 정보는 현지 사정에 따라 수시로 변경될 수 있습니다.
변경된 정보는 개정판에 반영해 더욱 실용적인 가이드북을 만들겠습니다.

한빛라이프 여행팀 ask_life@hanbit.co.kr

리얼 나고야 다카야마 게로 시라카와고

초판 발행 2025년 2월 4일

지은이 최영근, 나보영 / **펴낸이** 김태헌
총괄 임규근 / **팀장** 고현진 / **책임편집** 황정윤 / **교정교열** 이정현 / **디자인** 천승훈 / **지도·일러스트** 이설이
영업 문윤식, 신희용, 조유미 / **마케팅** 신우섭, 손희정, 박수미, 송수현 / **제작** 박성우, 김정우 / **전자책** 김선아

펴낸곳 한빛라이프 / **주소** 서울시 서대문구 연희로 2길 62 한빛빌딩
전화 02-336-7129 / **팩스** 02-325-6300
등록 2013년 11월 14일 제25100-2017-000059호
ISBN 979-11-93080-48-1 14980, 979-11-85933-52-8 14980(세트)

한빛라이프는 한빛미디어(주)의 실용 브랜드로 우리의 일상을 환히 비추는 책을 펴냅니다.

이 책에 대한 의견이나 오탈자 및 잘못된 내용은 출판사 홈페이지나 아래 이메일로 알려주십시오.
파본은 구매처에서 교환하실 수 있습니다. 책값은 뒤표지에 표시되어 있습니다.

한빛미디어 홈페이지 www.hanbit.co.kr / 이메일 ask_life@hanbit.co.kr
블로그 blog.naver.com/real_guide_ / 인스타그램 @real_guide_

지금 하지 않으면 할 수 없는 일이 있습니다.
책으로 펴내고 싶은 아이디어나 원고를 메일(writer@hanbit.co.kr)로 보내주세요.
한빛라이프는 여러분의 소중한 경험과 지식을 기다리고 있습니다.

나고야를 가장 멋지게 여행하는 방법

리얼 나고야

다카야마 게로
시라카와고

최영근·나보영 지음

한빛라이프

최영근   국어국문학과 졸업 후 오랫동안 게임 업계에서 일하다가 최근 IT 금융 업계로 이직한 평범한 직장인. 가장 좋아하는 취미 두 개가 글쓰기와 여행인 덕분에 첫 여행책도 출판하게 되었다. 저서로는 《최선의 직장인》, 《게임 기획자의 일》, 《게임 시나리오 작가가 될 테야》가 있다.

이메일 arges99@naver.com

2016년, 회사에서 큰 프로젝트를 마치고 리프레시 여행을 생각하고 있던 때, 나고야로 가는 땡처리 항공권을 발견하게 되었습니다. 나름 일본 여행을 많이 다녔던 저였지만 그때까지만 해도 나고야는 '도쿄와 오사카 사이에 있는 도시' 그 이상도 그 이하도 아니었습니다. 하지만 별다른 생각 없이 방문한 나고야는 저에게 큰 충격을 가져다주었습니다. 관광, 쇼핑, 휴식 등 모든 것들이 일본의 다른 유명 지역들과 다르면서도 강렬한 유니크함을 가지고 있었기 때문이죠.

그 이후 저는 나고야 전도사(?)가 되었습니다. 바로 다음 해에는 직장 동료들과, 그 다음 해에는 가족과, 그리고 친구들과 연속해서 나고야와 주부 지역을 찾았습니다. 나고야를 '노잼 도시'로만 알고 있던 그들 역시 저와 마찬가지로 나고야의 매력에 푹 빠지게 되었습니다.

코로나가 가져온 긴 격리 기간도 나고야에 대한 저의 사랑을 막을 수 없었습니다. 코로나 종식 이후 다시 주부 센트레아 국제공항에 발을 디뎠을 때의 감격은 지금도 생생합니다. 그리고 정신을 차려보니, 어느새 이렇게 여러분께 나고야를 소개할 수 있는 기회까지 가지게 되었네요. 어쩌면 그때 우연히 만났던 땡처리 항공권은 저에게 운명 같은 것이었는지도 모르겠습니다.

여러분께도 이런 나고야의 무한한 매력을 알려 드리고 싶습니다. 제가 느꼈던 감동과 즐거움을 여러분도 느끼셨으면 합니다. 부디 이 책이 그 과정을 도울 수 있었으면 좋겠습니다.

최영근 & 나보영 드림

나고야 전도사가 전하는 생생한 매력

나보영 여행·와인 분야 잡지 기자로 일하다가 퇴사 후 여행 작가의 길을 택하며 〈매일경제〉를 비롯한 여러 매체에 연재를 했다. 국제와인기구(OIV)의 '아시아 와인 트로피(Asia Wine Trophy)'와 '월드 베스트 빈야드(World's Best Vineyards)'의 심사위원이며, KBS, SBS 등을 비롯한 다양한 방송 채널에서 여행 이야기를 전한다. 저서로는 《유럽 와이너리 여행: 어른에게도 방학이 있다면 와인이 시작된 곳으로》, 《리얼 후쿠오카 PLUS 벳푸·유후인》이 있다.

이메일 fullhouse2001@gmail.com   **인스타그램** @travel_writer_bonnie_na, 여행작가 나보영

일러두기

- 이 책은 2024년 12월까지 취재한 정보를 바탕으로 만들었습니다. 정확한 정보를 싣고자 노력했지만, 여행 가이드 북의 특성상 책에서 소개한 정보는 현지 사정에 따라 수시로 변경될 수 있습니다. 여행을 떠나기 직전에 한 번 더 확인하시기 바라며 변경된 정보는 개정판에 반영해 더욱 실용적인 가이드북을 만들겠습니다.

- 일본어의 한글 표기는 현지 발음에 최대한 가깝게 표기했습니다. 다만, 지명 중에서 '다카야마'와 같이 그 표현이 굳어진 단어는 예외를 두었습니다. 그 외 영어 및 기타 언어의 경우 국립국어원의 외래어 표기법을 따랐습니다.

- 대중교통 및 도보 이동 시의 소요 시간은 대략적으로 적었으며 현지 사정에 따라 달라질 수 있으니 참고용으로 확인해주시기 바랍니다.

- 이 책에 수록된 지도는 기본적으로 북쪽이 위를 향하는 정방향으로 되어있습니다. 정방향이 아닌 경우 별도의 방위 표시가 있습니다.

주요 기호·약어

🏃 가는 방법	📍 주소	🕐 운영 시간	❌ 휴무일	¥ 요금
📞 전화번호	🏠 홈페이지	🔍 구글 맵스 검색명	🏃 명소	🛍 상점
🍴 맛집	♨ 온천	✈ 공항	JR JR역	🚆 메이테츠역
🎧 나고야 지하철역	🚋 전철역	5 역 출구	L.O. 마지막 주문	

구글 맵스 QR코드

각 지도에 담긴 QR코드를 스캔하면 소개된 장소들의 위치가 표시된 구글 지도를 스마트폰에서 볼 수 있습니다. '지도 앱으로 보기'를 선택하고 구글 맵스 앱으로 연결하면 거리 탐색, 경로 찾기 등을 더욱 편하게 이용할 수 있습니다. 앱을 닫은 후 지도를 다시 보려면 구글 맵스 앱 하단의 '저장됨'-'지도'로 이동해 원하는 지도명을 선택합니다.

리얼 시리즈 100% 활용법

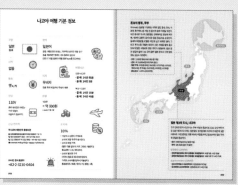

PART 1
여행지 개념 정보 파악하기

나고야에서 꼭 가봐야 할 장소부터 여행 시 알아두면 도움이 되는 국가 및 지역 특성에 대한 정보를 소개합니다. 여행지에 대한 개념 정보를 수록하고 있어 여행을 미리 그려볼 수 있습니다.

PART 2
테마별 여행 정보 살펴보기

나고야를 가장 멋지게 여행할 수 있는 각종 테마 정보를 보여줍니다. 자신의 취향에 맞는 키워드를 찾아 내용을 확인하세요. 어떤 곳을 가야 할지, 무엇을 먹고 사면 좋을지 미리 생각해보면 여행이 더욱 즐거워집니다.

PART 3~4
지역별 정보 확인하기

나고야에서 가보면 좋은 장소들을 지역별로 소개합니다. 게로부터 다카야마, 시라카와고, 이누야마, 구조하치만 등 나고야에서 다녀올 수 있는 매력적인 근교 지역도 함께 소개합니다.

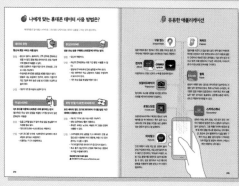

PART 5
실전 여행 준비하기

미리 준비해 가면 좋은 것들부터 지역별 인기 숙박 구역, 데이터 사용, 유용한 애플리케이션까지 여행 시 꼭 준비해야 할 정보만 쏙쏙 담았습니다.

차례

Contents

PART 3

진짜 나고야를
만나는 시간

PART 4

나고야 근교를 가장
멋지게 여행하는 방법

리얼 가이드

●

PART 5

실전에 강한
여행 준비

PART 1

미리 보는
나고야 여행

마음에 남는
나고야 여행의 순간

Scene 1

가로등에 불이 들어오기 시작하면
유동 인구 100만 명의 나고야역 주변은
더 분주해지기 시작한다.

Scene 2

독특한 구조의 현대식 전망대, 스카이 프롬나드

Scene 3

히츠마부시 우야의 정갈한 맛은
지금도 잊히지 않는다.

Scene 4

여행의 안전을 기원하며 뽑은
오스칸논의 오미쿠지

Scene 5

산마치 전통거리보존지구에
들어서면 다카야마가
'작은 교토'라고 불리는
이유를 알게 된다.

Scene 6

되새기는 것만으로도
입에서 침이 돌게 하는,
이누야마 주효야의
구운 주먹밥과 절임 꼬치

Scene 7

시라카와고는 겨울,
눈이 녹지 않은
계절에 방문해야
제맛을 느낄 수 있다.

Scene 8

롤러코스터 마니아들의
숨겨진 성지,
나가시마 스파랜드

나고야 여행 기본 정보

국명

일본
日本

시차

없음

통화

엔 ¥, 円

전압

110V

흔히 돼지코라 부르는
11자 모양의
어댑터가 필요하다.

언어

일본어

공항, 여행/관광 안내소, 기차역의 외국인 대응 창구
등을 제외하면 영어는 거의 통하지 않는다
(파트 5 '리얼 일본어 여행 회화' **P.216**를 참고하자).

비자

무비자

관광 목적 90일까지 무비자 체류

환율

100엔

= 약 930원

★ 2025년 1월 기준

비행시간

인천-나고야

· 갈 때 **1시간 55분**
· 올 때 **2시간 5분**

부산-나고야

· 갈 때 **1시간 25분**
· 올 때 **1시간 40분**

긴급 연락처

주나고야 대한민국 총영사관

📍 日本国愛知県名古屋市中村区名駅南1-19-12
📞 대표 전화(근무 시간) : +81-52-586-9221
📞 긴급 전화(근무 외 긴급 연락) : +81-80-4221-9550
🏠 overseas.mofa.go.kr/jp-nagoya-ko/index.do

24시간 영사 콜센터
+82-2-3210-0404

소비세

10%

· 식당이나 상점의 가격표에
  소비세 포함 유무가 표시된다.
· 소비세 포함 가격
  (별도 지불 없이 이 가격 그대로 지불한다)
  税込(ぜいこみ, 제이코미)
· 소비세 불포함 가격
  (가격이 별도로 표시되어 있으며,
  가격과 소비세를 합쳐서 지불한다)
  税抜き(ぜいぬき, 제이누키), 税別, +税

혼슈의 중부, 주부

주부中部는 일본을 구성하는 4개의 섬인 혼슈, 규슈, 시코쿠, 홋카이도 중 가장 큰 혼슈의 중부 지역을 뜻한다. 비단 혼슈뿐 아니라 일본열도 전체에서도 중앙에 위치해, 예부터 교통의 요지이자 공업 중심지로 손꼽힌다. 동해와 태평양을 포함한 해안과 넓고 비옥한 평야, 그리고 후지산을 포함한 대규모 산간 지대를 함께 품고 있어 다양한 식재료로 만든 요리가 유명하며, 좋은 물과 양질의 쌀이 나는 곳이 많아 일본 유수의 사케 양조장도 상당수 자리한다.

- **인구** : 2,301만 명(2019년 6월 1일 기준)
- **면적** : 약 72,000㎢(한국의 70% 정도)
- **행정 구역** : 9개 현(기후현, 아이치현, 시즈오카현, 나가노현, 야마나시현, 후쿠이현, 이시카와현, 도야마현, 니가타현)
- **중심 도시** : 나고야시(아이치현)

홋카이도

혼슈

주부

시코쿠

규슈

일본 제3의 도시, 나고야

인구 230만 명의 나고야시는 주부 지방의 중심지로 도쿄, 오사카에 이은 일본 제3의 도시이다. 일본열도 한가운데에 위치하기 때문에 일본 내에서도 가장 중요한 교통 허브의 역할을 하며, 명실상부한 일본 역사와 공업의 중심지다.

- **인구** 230만 명(2015년 유엔 기준)
- **면적** 326.4㎢(서울의 약 절반)

한국에서 나고야까지
- **인천국제공항에서 주부 센트레아 국제공항까지** 비행기로 1시간 55분
- **김해국제공항에서 주부 센트레아 국제공항까지** 비행기로 약 1시간 25분

도쿄·오사카에서 나고야까지
- **신오사카역에서 나고야역까지** 신칸센으로 약 50분
- **도쿄역에서 나고야역까지** 신칸센으로 약 1시간 35분

나고야 한눈에 보기

사카에

나고야 제일의 번화가

도쿄에 시부야가 있고 오사카에 신사이바시가 있다면 나고야에는 사카에가 있다. 나고야의 내로라 하는 맛집과 쇼핑 스폿이 몰려 있으며, 다양한 힙 플레이스로 밤 문화를 가장 잘 느낄 수 있는 곳이 기도 하다. 쇼핑이면 쇼핑, 먹거리면 먹거리, 유흥이면 유흥, 휴식이면 휴식 등 각자 원하는 방식으로 나고야를 즐길 수 있다.

나고야역

명실상부한 나고야의 중심

나고야역은 신기한 곳이다. 아침에는 신칸센을 타려는 수많은 직장인으로 붐비고, 낮에는 쇼핑을 즐기러 나온 관광객과 시민으로 붐빈다. 저녁에는 퇴근한 직장인과 시민이 한데 어우러져 식당과 이자카야가 시끌벅적해지고, 밤이 되면 언제 그랬냐는 듯 고요가 찾아온다. 마치 팔색조와 같은 매력을 지닌 곳이다.

오스

나고야 시민의 안식처

사카에가 세련된 번화가라면 오스는 전통적인 번화가다. 도쿠가와 이에야스가 통치하던 시절부터 자리 잡은, 수백 년 역사를 자랑하는 곳으로 365일 언제나 사람들로 붐빈다. 오스칸논을 시작으로 한 걸음 들여놓으면 '이곳은 뭘 파는 곳이지?'란 질문을 끊임없이 던지며 좀처럼 벗어날 수 없게 되는 곳이다.

아츠타 신궁

일본에서 가장 중요한 신토 신사

일본인들이 '나고야 메시' 못지않게 나고야를 찾는 이유 중 하나가 바로 아츠타 신궁이다. 일본에서 절대적으로 신성시되는 삼종신기(거울, 곡옥, 검) 중 검을 보관하고 있어 일본 내 수많은 신사 중에서도 두 번째로 큰 규모와 으뜸가는 신성함을 자랑한다. 일본에서 토속 신앙인 신토가 얼마나 중요한지 직접 확인할 수 있다.

미나토

볼거리와 즐길 거리가 모여 있는 곳

나고야 해안은 간척으로 생겨난 드넓은 공업 단지와 항만 시설이 들어서 있다. 그만큼 건설 비용이 저렴해 넓은 부지가 필요한 온갖 위락 시설이 들어서 있다. 범고래와 벨루가를 직접 볼 수 있는 나고야항 수족관, 세계적으로 유명한 레고랜드 재팬, 철도 마니아들의 성지인 리니어 철도관 등 친구 또는 아이와 함께 즐길 수 있는 곳이 많다.

나고야성

나고야의 상징

일본사를 잘 모르더라도 '도쿠가와 이에야스', 혹은 '에도 막부'라는 명칭은 들어본 적이 있을 것이다. 임진왜란을 일으킨 도요토미 히데요시와 그의 가문이 패망한 뒤 약 264년간 일본을 번성시킨 정권이다. 에도 막부라는 이름답게 중심지인 '에도'는 비록 도쿄였지만 나고야는 바로 그 도쿠가와 이에야스의 본거지라는 자부심을 가지고 있다. 나고야성은 그런 나고야 시민들의 정신을 잘 반영한 곳으로, 나고야를 처음 방문했다면 반드시 가봐야 하는 곳이기도 하다.

그 외

나고야에만 존재하는 명소

도쿄 디즈니랜드, 후지큐 하이랜드, 유니버설 스튜디오 재팬과 함께 일본 4대 놀이공원이자 롤러코스터 마니아들의 성지인 나가시마 스파랜드, 지브리 스튜디오가 마음먹고 조성한 초거대 규모의 지브리 파크, 당장이라도 구동 가능한 세계의 명차가 모여 있는 토요타 박물관 등, 도쿄와 오사카, 삿포로, 후쿠오카에는 없는 유니크한 곳들이 많다.

지브리 파크

토요타
박물관

나가시마
스파랜드

주부 센트레아 국제공항

나고야 여행의 시작과 끝

나고야를 오가기 위한 단순한 관문으로 생각했다면 오산이다. 에도 막부 시대를 테마로 근사하게 꾸민 '스카이타운'에서는 온갖 유명 레스토랑 지점과 쇼핑 스폿이 즐비하며, 심지어 보잉 787 실물을 떡하니 가져다 놓은 'FLIGHT OF DREAMS'라는 테마파크도 있다. 공항에서부터 그 지역 관광을 즐기는, 흔치 않은 경험을 할 수 있다.

나고야 주변 도시 한눈에 보기

이누야마

에도 시대 시골 마을의 정취가 담긴 곳

다카야마가 멀어서 부담된다면 나고야에서 메이테츠 열차로 30분이면 닿을 수 있는 이누야마를 방문해 보자. 다카야마가 '번성한 에도 시대'를 보여준다면, 이누야마는 '에도 시대의 소박한 마을'을 보여준다. 심지어 다카야마에 그렇게 밀리지도 않는다. 아이치현이 자랑하는 국보, 이누야마성이 있기 때문. 사랑을 이뤄준다는, 작고 예쁜 산코이나리 신사를 거쳐 이누야마성을 둘러보고, 성하 마을로 내려와 맛있는 전통 음식을 즐기다 보면 어느새 하루가 훌쩍 지나있을 것이다.

시라카와고

유네스코 세계문화유산으로 지정된 자연촌

몇백 년 전의 자연촌 하나가 통째로 유네스코 세계문화유산으로 지정됐다. 산속 깊은 곳에 숨어 있는 데다 열차도 닿지 않기 때문에 가기가 만만치 않지만, 막상 즐비하게 늘어선 '갓쇼즈쿠리掌造り' 양식의 주택을 보면 오는 데 들인 고생이 싹 잊힌다. 갓쇼즈쿠리 양식 자체가 많은 눈이 내리는 기후현의 겨울에 적응하기 위해 만든 것이기 때문에 겨울 풍경이 제일 예쁘다.

다카야마

'작은 교토'라 불리며 최근 전 세계적으로 떠오르는 관광지

다카야마는 교토와 함께 제2차 세계대전의 포화에서 완전히 비껴간 몇 안 되는 역사 관광지 중 하나다. 교토가 전 세계에서 몰려든 관광객으로 몸살을 앓는 사이, 번잡함을 피하면서도 일본의 옛 풍경을 즐기고 싶은 사람들에게 다카야마가 안성맞춤 여행지로 떠오르면서 '작은 교토'라 불릴 정도로 유명해졌다. 전국에서 유일하게 남아 있는 에도 시대 관청에 한 발 들여놓는 순간, 말 그대로 타임머신을 타게 될 것이다.

게로

일본의 3대 명천으로 손꼽히는 온천

도쿄의 하코네, 오사카의 아리마, 후쿠오카의 유후인처럼 게로는 나고야 여행에서 빼놓을 수 없는 온천 여행지이다. 게로역에 내려 온천 거리로 통하는 게로대교에 들어서는 순간, 드넓은 히다강과 강변 위에 우뚝 자리한 수많은 온천 료칸이 어우러지는 탁 트인 절경에 말을 잃게 된다. 여느 유명 온천 관광지가 그렇듯, 퀄리티 높은 디저트 가게와 기념품 가게가 곳곳에 자리해 거리를 구경하는 재미도 쏠쏠하다.

구조하치만

'물의 마을'로 불리는 숨겨진 보석

렌터카를 이용하면서 게로나 다카야마가 여정에 포함되어 있다면 반드시 추천하고 싶은 곳. 마을 한가운데를 가로지르며 기운차게 흐르는 요시다강은 물론, 곳곳에서 흐르는 수로로 인해 '물의 마을'로 불린다. 하늘 높이 우뚝 솟은 구조하치만성에서 내려다보는 사계절의 풍경은 그야말로 장관. 조용한 마을을 한가로이 거닐다 곳곳에 자리한 커피숍에서 요시다강을 내려다보며 즐기는 커피 한잔은 진정한 휴식을 선사해 준다.

나고야 여행 캘린더

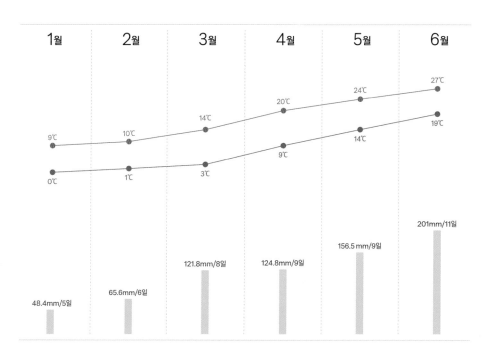

	1월	2월	3월	4월	5월	6월
최고기온	9℃	10℃	14℃	20℃	24℃	27℃
최저기온	0℃	1℃	3℃	9℃	14℃	19℃
강수량	48.4mm/5일	65.6mm/6일	121.8mm/8일	124.8mm/9일	156.5mm/9일	201mm/11일

봄
3~5월

일교차가 크고 여우비가 자주 오는 편이니 우산과 걸칠 옷을 꼭 챙기자. 벚꽃이 피는 시기에는 평일이나 주말 할 것 없이 엄청난 인파로 붐비니 주의.

여름
6~8월

덥다. 매우 덥다. 비도 많이 온다. 기온이 가끔 40℃에 육박할 때도 있다. 열사병과 탈수증에 충분히 대비하자. 태풍도 잦은 편이니 일기 예보도 항상 체크하자.

가을
9~11월

나고야 여행의 최적기다. 아이치현과 기후현은 단풍이 아름답기로 유명하기 때문에 어디에서나 계절감이 물씬 느껴지는 사진을 찍을 수 있다. 봄만큼은 아니지만 일교차가 크므로 역시 겉옷을 챙겨 가자.

겨울
12~2월

영하로 내려가진 않지만 일본은 우리나라처럼 난방 시설이 잘 갖춰져 있지 않기 때문에(특히 료칸) 온도만 보고 방심하지 말고 따뜻한 옷을 챙기자. 시라카와고나 다카야마처럼 기후현 깊숙한 곳에 자리한 곳들은 많은 눈이 내리므로 방문할 예정이라면 잘 대비하자.

주부 지방의 여름 기후는 도쿄나 오사카와 크게 다르지 않다. 다만 겨울의 경우, 다카야마, 시라카와고 등 큰 눈이 내리는 지역이 많다. 여행 일정을 한여름으로 잡았다면 태풍과 폭우를, 한겨울로 잡았다면 폭설을 조심하자.

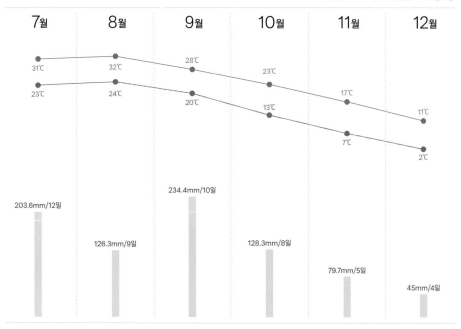

● 최고 기온 평균   ● 최저 기온 평균   ▮ 강수량

	7월	8월	9월	10월	11월	12월
최고 기온 평균	31℃	32℃	28℃	23℃	17℃	11℃
최저 기온 평균	23℃	24℃	20℃	13℃	7℃	2℃
강수량	203.6mm/12일	126.3mm/9일	234.4mm/10일	128.3mm/8일	79.7mm/5일	45mm/4일

일본의 공휴일

★ 해당 요일이 일요일인 경우 대체 휴일로 전환

· **1월 1일 설날** 공휴일은 1월 1일이지만, 대다수 관공서와 기업이 12월 28일에서 1월 4일까지 쉬는 경우가 많아 호텔과 료칸이 문전성시를 이룬다.
· **1월 둘째 주 월요일 성인의 날**
· **2월 11일 건국기념의 날**
· **2월 23일 일왕탄생일**
· **3월 중순경 춘분** 해마다 일본국립천문대의 계산을 토대로 한다.
· **4월 29일 쇼와의 날**
· **5월 3일 헌법기념일·5월 4일 녹색의 날·5월 5일 어린이 날** 흔히 '골든 위크'라 불리는 일본 최대의 연휴 기간
· **7월 셋째 주 월요일 바다의 날**
· **8월 11일 산의 날** 일본의 추석에 해당하는 '오봉'이다. 보통 8월 15일을 전후로 대부분 8월 13일부터 16일까지 쉬기 때문에 '작은 골든 위크'라고도 불린다.
· **9월 셋째 주 월요일 경로의 날**
· **9월 중순경 추분** 해마다 일본국립천문대의 계산을 토대로 한다.
· **10월 둘째 주 월요일 스포츠의 날**
· **11월 3일 문화의 날**
· **11월 23일 근로감사의 날**

당황스럽지 않도록 알아두자
일본 생활 예절

줄을 선다!

일본인들은 줄을 선다. 정거장에서도, 계산대에서도, 식당에서도 대기자가 2명 이상이면 어쨌든 줄을 선다. 줄이 보이지 않는다면 대기표를 받거나 이름을 적는 곳이 틀림없이 있다. 새치기는 있을 수 없으니, 한국인의 줄서기 문화도 당당히 보여주자.

식당 또는 카페 무작정 출입 금지!

식당이나 카페에 빈자리가 보인다고 무작정 들어가서 앉지 말자. 일본의 모든 식음료 업장은 입구에서 직원의 안내를 받는 것이 기본이다. 빈자리처럼 보여도 예약된 자리거나, 대기 중인 사람이 다른 곳에서 기다리고 있을 수 있기 때문에, 꼭 점원의 안내를 받아야 한다.

신발을 벗을 땐 가지런히!

식당, 료칸, 대욕장 등 신발을 벗고 들어가는 장소에서는 반드시 신발을 가지런히 해놓고 들어가야 한다. 신발장이 있는 경우에는 반드시 신발장에 넣자. 그러지 않으면 가지런히 정돈된 신발들 사이에서 혼자 비뚤게 놓여 있는 당신의 신발을 발견하게 될 것이다.

에스컬레이터 한쪽 비우기!

한국 지하철에서 흔히 볼 수 있는 에스컬레이터 한 줄 서기는 일본에서도 자연스러운 문화다. 일본도 왼쪽을 비워놓으니 방향을 잘 파악하자.

대욕장에 들어갈 땐 샤워부터!

료칸이나 호텔의 대욕장을 이용할 때는 탕에 들어가기 전 반드시 샤워를 해야 한다. 물만 적시는 게 아닌, 머리부터 발끝까지 씻는 제대로 된 샤워를 뜻한다.

대중교통에서의 전화 통화 금지!

일본은 버스나 지하철에서 통화하는 것이 큰 무례로 여겨진다. 용건은 가급적 문자나 메신저를 이용해 전달하고, 반드시 무음이나 진동 모드로 해놓자.

일단 "스미마셍"부터!

혼잡한 곳을 지나가야 하거나 점원을 부를 때, 피치 못하게 남에게 닿았을 때 등 "스미마셍"은 모든 상황에서 통하는 마법의 단어다. 이 말을 하지 않으면 무례한 사람으로 여겨질 수 있으니 주의!

사진 촬영 금지 표시 확인!

가게나 박물관, 사적 등에서 사진을 찍을 때는 반드시 주변에 촬영 금지 표시가 있는지 확인하자. 특히 디자인 소품이나 패션 관련 상점에서는 사진 촬영을 금지하는 경우가 많다. 촬영 금지 표시가 없어도 점원에게 "스미마셍, 샤신 오-케 데스까?"라고 간단히 물어보자.

가장 자주 하는 질문
TOP 5

 Question ……①
나고야는 도쿄와 오사카에 비해 어떤 부분이 매력적인가요?

'여유'가 있어요. 번화가나 유명 스폿은 물론 지하철, 공항에서도 질식할 것처럼 많은 인파에 시달리는 도쿄, 오사카와 달리, 나고야에서는 언제나 여유롭게 이동하고 관광을 즐길 수 있습니다. 특히 삿포로와 후쿠오카보다 덜 알려진 탓에, 한국인이나 중국인, 대만인 관광객과 마주칠 일도 더 적어요. 말 그대로 로컬 속에서 나 혼자 여행하는 기분을 만끽할 수 있죠.

 Question ……②
도쿄나 오사카만큼 관광 안내소가 잘되어 있나요?

물론이죠. 당장 주부 센트레아 국제공항에 도착하면 '센트럴 재팬 트래블 센터'가 관광객을 맞이합니다. 그 외에도 시내와 관광지 곳곳에 한글 안내가 잘되어 있으며, 번화가인 나고야역-사카에-오스로 나뉜 도시 구조는 오사카나 후쿠오카를 한 번이라도 여행한 분이라면 매우 익숙하실 거예요.

 Question ……③
관광객을 위한 교통 패스가 있나요?

나고야는 일본 제3의 도시답게 버스와 지하철이 잘 발달되었고, 관광객을 위한 교통 패스도 다양하게 마련되어 있습니다. 나고야의 주요 관광 스폿을 따라 운행하는 메구루 버스 원데이 패스, 버스와 지하철을 모두, 혹은 각각 이용할 수 있는 1일 승차권도 있고, 토요일과 일요일, 공휴일에만 이용 가능한 티켓인 도니치에코 킷푸 등도 있어요.

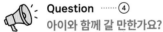 **Question** ……④
아이와 함께 갈 만한가요?

어른과 아이가 함께 즐길 수 있는 시설이 많습니다. 일본 최대의 철도 전시관인 리니어 철도관 세계의 차를 구경할 수 있는 토요타 박물관, 세계 최대 항공기 제조 회사 보잉의 항공 테마파크인 플라이트 오브 드림, 한국에서도 유명한 레고랜드, 설명이 필요 없는 지브리 파크, 범고래 쇼를 구경할 수 있는 나고야 항 수족관, 호빵맨 박물관이 있는 나가시마 스파랜드 등 재미와 공부를 모두 잡을 수 있는 곳으로 가득합니다.

 Question ……⑤
온천도 즐기고 싶고 옛 거리의 정취도 느끼고 싶어요.

나고야에서도 둘을 모두 즐길 수 있어요. 마치 간사이의 아리마 온천과 교토처럼, 주부에도 게로 온천과 다카야마가 있어요. 두 곳 모두 일본 내에서도 잘 알려진 곳이라 연휴가 되면 전국에서 관광객이 몰릴 정도로 유명합니다.

PART 2

가장 멋진
나고야
테마 여행

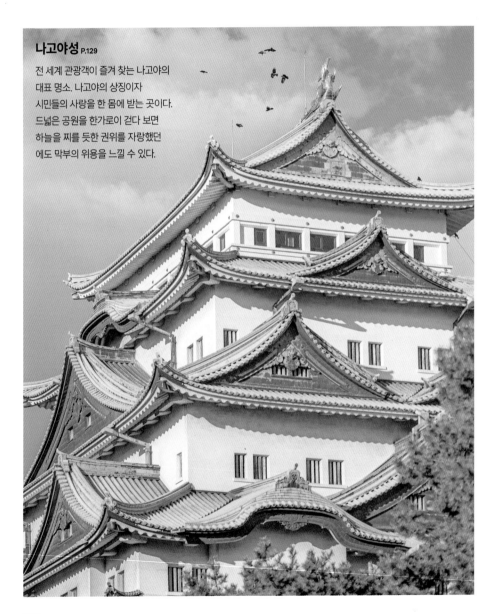

알고 즐기면 훨씬 재미있는 도시
나고야의 대표 명소

나고야는 일본 내에서 규모, 역사, 산업, 교통 등 어느 한 분야에서도 빼놓을 수 없는 중요한 도시다.
그 모든 것과 떼어놓을 수 없는 관광도 마찬가지다. 〈리얼 나고야〉와 함께 그 진면목을 살펴보자.

나고야성 P.129

전 세계 관광객이 즐겨 찾는 나고야의
대표 명소. 나고야의 상징이자
시민들의 사랑을 한 몸에 받는 곳이다.
드넓은 공원을 한가로이 걷다 보면
하늘을 찌를 듯한 권위를 자랑했던
에도 막부의 위용을 느낄 수 있다.

사카에 P.100

나고야 쇼핑의 중심지.
쭉 뻗은 히사야오도리 공원을 따라
수많은 쇼핑몰과 맛집이
곳곳에 자리한다. 조금만 방심하면
텅 빈 지갑과 양손 가득 들린
쇼핑백을 발견하게 될 것.

**주부전력
미라이 타워** P.104

'나고야 TV 타워'로 불리던
나고야의 오랜 명물이자 상징.

옥외 전망대 스카이 프롬나드 P.089

나고야 도심의 환상적인 해 질 녘 풍경과
야경을 음미해 보자.

오스칸논 P.120

오스 상점가와 함께
예로부터 유명한
나고야 상인들의 정서를
느낄 수 있는 곳.

아츠타 신궁 P.138

일본의 국교인 신토가 일본인들에게
어떤 의미를 지니는지 실감할 수 있다.

이웃 고장을 찾아서

주부의 또 다른 여행지 5

후쿠오카 여행이 벳푸와 유후인을 포함하고, 삿포로 여행이 노보리베츠와 오타루를
포함하듯, 나고야 여행에서도 매력적인 주변 지역을 함께 즐길 수 있다. 온천과 역사 문화는 물론
유네스코 세계문화유산까지 포함된, 말 그대로 풀코스가 준비되어 있다.

게로 온천 P.161

드넓은 히다강을 마주하고 자리한
그림 같은 온천 마을.

다카야마 진옥 P.173

일본에서 유일하게 보존된 에도 시대
관청에서 발견하는 그 시대의 생활상.

034

시라카와고 P.182

유네스코 세계문화유산의 위엄.

다카야마 산마치
전통거리보존지구 P.175

전성기 에도 시대 상점가의 모습 그대로.

이누야마 성하 마을 P.196

몸도 마음도 가볍게 다녀올 수 있는 에도 시대 시골 마을.
아이치현 제일의 국보인 이누야마성 관람은 덤.

과거로의 시간 여행
나고야의
역사적 스폿

나고야와 아이치현은 치열한 전국 시대 이후
에도 막부로 일본의 전성기를 연 다이묘(영주),
도쿠가와 이에야스의 주요 거점이었다.
그 덕분에 에도 시대 내내 상업과 공업의
중심지로 이름을 높였으며,
사상 최대의 천수각이 있는 나고야성,
일본의 국교인 신토에서 가장 중요한 신사
아츠타 신궁이 자리한다. 또 이웃의 기후현은
제2차 세계대전의 포화를 피해 가 옛 사적과
문화재가 지금까지 고스란히 보존되어 있다.
에도 시대의 발자취를 간직하고 있는 다카야마,
유네스코 세계문화유산으로 지정된
시라카와고 등 흥미로운 곳으로 가득하다.

도쿠가와엔 P.134

도쿠가와 가문의 대저택과 정원을 개·보수한 곳. 나고야 시민들의
결혼사진 명소다.

혼마루 어전 P.132

하늘을 찌를 듯한 위엄을 자랑했던 도쿠가와 가문의 관청 겸 관
사. 나고야성 안에 있으며, 에도 시대에 남겨진 설계도를 바탕으
로 2018년 정밀하게 복원했다.

아츠타 신궁 혼구 P.142

일본에서 손꼽히는 성지인 아츠타 신궁의 중심부. 나고야 시민은 물론 일본 전역에서 몰려든 참배객들로 그 신성함을 짐작할 수 있다.

오스칸논 P.120

일본 3대 관음상 중 하나인 거대 관세음보살을 모신 진언종 불교 사원. 나고야 상인들의 성지이다.

도쿠가와 미술관 P.135

에도 시대의 보물이 잔뜩 모여 있는 곳. 무려 9개의 국보를 비롯해 59개의 중요 문화재, 46개의 중요 미술품을 소장하고 있다.

일본 제3의 경제권 중심지
일본 최고 공업 도시의 위용

토요타 산업기술 기념관 P.088
2007년 근대화 산업유산으로 지정된 토요타의 거대한 벽돌 공장 건물 내부를 통해 여러 산업에 쓰인 각종 기계를 큰 스케일로 감상할 수 있다.

리니어 철도관 P.146
철도 강국 일본의 진면모를 확인할 수 있는 박물관. 거대한 공간에 증기 기관차부터 신칸센까지, 무려 39량에 달하는 실제 열차가 전시되어 있다.

나고야는 일본 최고의 공업 도시인 만큼 관련된 볼거리가 가득하다.
토요타 박물관(자동차), 리니어 철도관(철도), 플라이트 오브 드림즈(비행기), 토요타
산업기술 기념관(기계) 같은 각종 뮤지엄이 어린이는 물론 어른도 흥분케 한다.

플라이트 오브 드림즈 P.076
내부 견학 가능한 실물 보잉 787 드림
라이너를 통째로 전시해 놓은 곳. 주부
센트레아 국제공항 2터미널 입구에 있
어서 발착 시 함께 구경하기 좋다.

토요타 박물관 P.152
토요타 브랜드에 한정하지 않고 1890년
부터 현재까지의 전 세계 자동차 140대
를 주행 가능한 상태로 전시해 놓은 곳.
자동차 마니아라면 꼭 들러보자.

나고야가 '노잼 도시'라고?

'대유잼'
핫 플레이스

지브리 스튜디오가 직접 설계하고 지은
지브리 파크와 이름만 대면 누구나
아는 레고랜드가 서로 다른 매력을 뽐낸다.
롤러코스터 어트랙션의 성지로
떠오르고 있는 나가시마 스파랜드와
한국에서는 볼 수 없는 범고래가 있는
나고야항 수족관도 핫 플레이스.

지브리 파크 P.148

지브리 스튜디오가 340억 엔(약 3,076억 원)의 공사비를 들
여 2022년에 야심 차게 오픈한 테마파크. 우리와 친숙한 지
브리의 작품을 마치 실재하는 세계인 것처럼 만날 수 있다.

나가시마 스파랜드 P.153

일본 내에서 가장 많은 롤러코스터(12대)를 보유하고 있는 놀이공원.
짜릿함을 추구하는 롤러코스터 마니아들의 숨겨진 장소다.

나고야항 수족관 P.145

한국에서는 보기 힘든 케이프펭귄, 벨루가, 범고래 등을 만날 수 있는 수족관. 하얀 벨루가 한 쌍이 유유히 헤엄치는 모습은 그야말로 장관을 이룬다.

레고랜드 재팬 P.146

1,700만 개의 레고 블록과 1만 개의 레고 모델을 사용해 레고의 세계를 재현한 곳. 레고랜드 코리아에 없는 어트랙션도 많다.

온천 강국 일본에서도
손꼽히는 온천지
일본 3대 명천, 게로

쉴 새 없이 흐르는 히다강의 물소리를 들으며 무색투명한 알칼리성 온천에 몸을 담가보자.
신선놀음이 따로 없다. 목욕 후에 즐기는 가이세키 요리,
온천 거리 곳곳에서 판매하는 달콤한 디저트가 온몸에 스며든다.

① 게로 온천 거리 P.161

게로 온천 신사를 중심으로 히다강으로 이어지는 개울을 따라 아기자기하게 뻗어 있는 거리. 아기자기한 점포와 명소가 어우러져 있다.

② 오가와야 P.166

게로 최대 규모의 온천 료칸. 무려 5개의 대욕탕과 9개의 전세탕을 갖추었다. 2015년부터 2018에 걸쳐 대부분의 시설을 대대적으로 보수한 덕에 모던하고 깔끔한 시설을 자랑한다.

③ 비너스 족욕탕 P.163

원래 공용 온천 시설의 부속 족탕이었지만, 하얀 비너스 동상이 워낙 인상 깊어 본시설보다 더 유명해졌다.

④ 게로 갓쇼 마을 P.164

일본의 옛 산악 마을을 재현한 민속촌. 시라카와고에도 있는 갓쇼즈쿠리 양식의 집 등을 여유롭게 구경할 수 있다. 민속품 전시관과 공예품 공방도 있다.

시간을 자유롭게

렌터카로 즐기는 주부

나고야 시내는 기본적으로 도로가 널찍하며, 거기에 더해 시내에는 링Ring이라 불리는
고가 고속도로가 잘되어 있어 자동차 이동이 편리하다. 나고야 시내뿐 아니라
아이치현과 기후현을 포함한 주부 지역은 구석구석까지 고속도로가 잘 뻗어 있고
관광지별로 주차장도 많다. 우측 운전석과 좌측통행에 대한 공포심만 극복한다면
렌터카를 이용한 관광을 즐길 수 있다. 또 일본은 스마트폰의 구글맵으로 내비게이션 기능을
사용할 수 있기 때문에 차량의 내비게이션 언어에 스트레스받지 않아도 된다.

렌터카 여행 팁!

나고야 렌터카 여행의 시작은 주부 센트레아 국제공항에서 하는 것이 좋다. 한국어 매뉴얼도 충실하고 직원들의 영어 구사도 가능하기 때문. 주부 센트레아 국제공항에 자리한 렌터카 대리점 모두 나고야역 주변에 지점을 갖추고 있으므로 반납은 그쪽을 이용해도 좋다. 다만 추가 요금이 발생한다.

렌터카 이용 시 매우 편리한 장소

지브리 파크, 시라카와고, 토요타 박물관, 나가시마 스파랜드, 미츠이 아웃렛 파크 재즈 드림 나가시마, 구조하치만 등

시라카와고

구조하치만

토요타 박물관 • • 지브리 파크

나가시마 스파랜드 &
미츠이 아웃렛 파크 재즈 드림 나가시마

렌터카 관광의 장점

· 철도나 버스와 비교해 이동에 소요되는 시간이 훨씬 줄어든다.
· 덜 걸어도 되기 때문에 관광지에서의 체력 소모가 덜하다.
· 짐 보관에 대한 스트레스가 없다.
· 철도나 버스의 시간표 또는 예매에 신경 쓸 필요 없다.

렌터카 관광에 흥미가 있다면?

· 유튜브를 통해 일본에서 운전할 때 주의할 점 등을 미리 찾아보자.
· 국제 운전면허증을 미리 발급받자.
· 여행을 떠날 때 국내 운전면허증도 함께 챙기자.

국제 운전면허증 발급

· 준비물 : 여권, 운전면허증, 여권용 사진 1매
· 발급처 : 전국 운전면허 시험장 및 경찰서. 온라인으로도 가능하지만 하루 350건으로 제한되며 신청 후 받기까지 일주일 정도 걸린다.
· 모든 국제 운전면허증의 유효 기간은 1년이다.

렌터카 예약 추천 사이트
🏠 타비라이 kr.tabirai.net/car/

B급 식도락의 천국
나고야 메시

한국에서 유명한 나고야의 음식은 기껏해야
마제 소바 정도다. 하지만 나고야는 일본에서도
유명한 'B급 식도락의 천국'이다.
일명 '나고야 메시'라 불리는 나고야의
명물 음식은 신칸센으로 도쿄와 오사카를
오가는 비즈니스맨들이 일부러 중간에 내려서
먹을 만큼 중독성이 있다. 히츠마부시,
미소카츠, 미소니코미 우동, 타이완 라멘,
오구라 토스트, 테바사키, 텐무스 등
개성 넘치는 '나고야 메시'를 만나보자.

히츠마부시
ひつまぶし

나무 그릇 '히츠櫃'에 묻히다라는 뜻의 '마부스塗す'가 합
쳐진 말. 숯불에 구운 장어와 각 가게의 비법 소스를 갓
지은 밥 위에 얹어 나무 그릇에 내는 음식.

미소카츠
味噌カツ

갓 튀긴 돈카츠에 아이치현의 특산품 중 하나인
'아카미소赤味噌(붉은 된장)'로 만든 소스를 끼얹
어 먹는 음식.

미소니코미 우동
味噌煮込みうどん

단어 뜻 그대로 '된장을 걸쭉하게 조려 만든 우
동'이다. 소금을 넣지 않고 반죽한 생면을 아카미소
와 함께 뚝배기에 넣고 조려내듯 진득하게 끓여낸 음식이다.

名古屋めし

타이완 라멘
台湾ラーメン

대만의 탄호면担仔麺에서 착안해 만든 음식. 두반장에 으깬 돼지고기와 부추 등을 함께 볶은 뒤 맵게 끓여낸 면 요리다.

오구라 토스트
小倉トースト

두툼한 식빵을 따뜻하게 구운 뒤 마가린이나 버터를 바르고 그 위에 단팥(오구라)을 올린 토스트.

테바사키
手羽先

나고야식 닭 날개 튀김. 다만 튀김옷을 아예 입히지 않거나 녹말만 얇게 입혀 튀겨낸 뒤 가게 각각의 비법 소스를 발라 내놓는다.

텐무스
天むす

새우튀김을 안에 넣고 둥글게 만 주먹밥. 간단한 구성이지만, 짭짤한 새우튀김과 찰진 밥이 의외로 조화롭다. 바쁜 일정 중 간편하게 먹기 좋다.

—— ¶¶ ——

장어로 즐기는 극상의 사치
히츠마부시

'겉바속촉'으로 노릇하게 구운 장어와 알알이 씹히는 밥알의 조화가 호화롭다.
상당히 고급 음식에 속하기 때문에 기본 가격대가 높다. 유명한 집은 평일이나 주말 가릴 것 없이
웨이팅이 있기 때문에, 오픈 시간에 맞춰서 가는 것을 추천한다.

히츠마부시 맛있게 먹는 방법
① 밥주걱으로 장어와 밥을 4등분한다.
② 밥그릇에 덜어 1/4은 그대로 즐긴다.
③ 다른 1/4은 와사비와 파 등을 곁들여 먹는다.
④ 또 다른 1/4은 뜨거운 다시 육수와 김을 부어서('오차즈케'라고 부른다) 말아 먹는다.
⑤ 남은 1/4은 위의 방법 중 제일 마음에 드는 방식으로 먹으면 된다. 가게에 따라 3등분으로 안내하기도 한다.

 추천 맛집

히츠마부시 우야 메이에키점 P.097

'나고야류'라는 토속적인 방법으로 장어를 굽기 때문에 나고야의 히츠마부시 전문점 중에서도 팬이 많은 맛집. 언제나 예약과 대기 줄로 넘쳐나기 때문에 예약하지 않았다면 영업 시작 시간에 맞춰 가는 것이 좋다.

아츠타 호라이켄 본점 P.143

1873년에 창업한 히츠마부시 원조 가게. 히츠마부시를 담는 나무 그릇을 최초로 사용한 곳이기도 하다. 평일, 주말 할 것 없이 긴 줄이 늘어서 있으니 먹고 싶다면 서둘러 방문할 것.

마루야 혼텐 주부 국제공항점 P.078

히츠마부시 전문점이 많은 나고야에서도 특히 유명한 '마루야혼텐'의 센트레아 지점. 나고야 시내에 위치한 점포에는 언제나 긴 대기 줄이 늘어서 있지만 이곳은 대부분의 시간대에 예약 없이 히츠마부시를 즐길 수 있다.

---🍴---

나고야 메시의 정수
미소카츠

나고야 메시 중 인기가 가장 높은 음식이며, '단짠'의 신세계를 경험할 수 있다.
미소카츠가 맛있기로 유명한 음식점은 '야바톤矢場とん'으로, 나고야 곳곳에 많은 지점이 있지만,
식사 시간에는 항상 대기 줄이 생길 정도로 유명하다.

아카미소赤味噌란?

검은콩을 베이스로 보리누룩을
사용해 만든 된장이다.
염분 함량이 높고 색이 진한 것이
특징이며, 나고야를 중심으로 한
주부 지방에서 즐겨 먹는다.
우리가 한국에서 흔히 접하는
'미소장국'은 대부분 아카미소가
아닌 '시로미소白味噌'다.

 추천 맛집

야바톤 나고야역 메이테츠점 P.096

미소카츠의 원조로 유명한 야바톤의 메이테츠 백화점
지점. 나고야에 미소카츠 전문점이 많지만 유독 야바톤
의 모든 지점이 대기 손님으로 붐
비는 이유는 직접 먹어보면 바
로 알 수 있다.

키친 나고야 P.096

미소카츠 전문점인 동시에 테
바사키로도 유명한 식당. 짧은 여
정이라서 미소카츠와 테바사키를 동시에 즐길 여유가
없는 여행자에게 추천한다. 다만 점심시간이나 저녁에
서 심야까지 언제나 대기 줄이 있으니 감안하자.

나고야 메시 마니아가 되어보자
미소니코미 우동

처음 먹으면 면은 딱딱하게 느껴지고 국물은 너무 짠 것 같지만, 계속 먹다 보면 갑자기 입안에
단맛과 감칠맛이 넘쳐나면서 젓가락질을 멈출 수 없게 된다. 가장 유명한 음식점은
'야마모토야 소혼케山本屋総本家'이며, '신칸센을 타고 지나가다가 오로지 야마모토야 소혼케의
미소니코미 우동을 먹기 위해 나고야에서 잠시 내린다'라고 할 정도로 마니아층이 두터운 음식이다.

 추천 맛집

야마모토야 소혼케 마츠자카야점 P.114

3대째 계승하며 창업 90년이 넘은 미소니코미 우동의
원조, 야마모토야 소혼케의 마츠자카야 백화점 지점. 사
카에의 본점과 나고야역 지점(게이트 타워, 메이테츠 백
화점)은 언제나 엄청난 인파로 붐비지만, 마츠자카야점
은 시간대를 잘 노리면 내기
없이 여유롭게 식사를 할
수 있다.

야마모토야 혼텐 사카에혼마치도리점
山本屋本店 栄本町通店

야마모토야 소혼케와 함께 미소니코미 우동의 양대 산
맥이다. 담백하고 부드러운 맛을 자랑하는 이곳은 야마
모토야 소혼케과 달리 배추, 무, 오이 등으로 만든 절임
반찬을 준다.

🚶 지하철 메이조선 야바초역 6번 출구에서 도보 10분
📍 愛知県名古屋市中区栄2丁目14-5 🕐 일~목 11:00~21:30,
금~토 11:00~23:30 📞 +81-52-201-4082
🏠 yamamotoyahonten.co.jp 🔍 Yamamotoyahonten

얕보면 안 되는 매운맛

타이완 라멘

나고야 'B급 식도락'의 정체성을 상징하는 음식으로, 근본도 전통도 없지만 한번 먹어보면
계속 생각나고 결국 또 찾게 된다. 타이완 라멘의 원조는 '미센味仙'이란 가게로,
나고야에 여러 지점이 있다. 타이완 라멘뿐 아니라 술안주로 삼을 수 있는
가성비 좋은 메뉴가 많아 늦은 저녁이 되면 음식점에서 이자카야로 탈바꿈한다.

나고야 라멘이 아닌 타이완 라멘?

'타이완 라멘'이라 불리지만 정작
타이완에서는 찾아볼 수 없는 음식이다.
마치 우리나라의 짜장면과 비슷한
개념으로, 정작 타이완에서는
이 타이완 라멘의 컵라면이 '나고야
라멘'으로 판매된다.

추천 맛집

미센 JR 나고야역점 P.095

보통 일본에서 맵다고 하면 한국인 입장에서
얕보는 경우가 많지만, 이곳의 메뉴는 정말로
맵다. 한국어 메뉴도 충실히 갖추었으니, 매운
요리가 생각난다면 이곳을 찾아가자.

미센 지점

미센 야바점 味仙 矢場店
📍 愛知県名古屋市中区大須3丁目6-3

미센 이마이케 본점 味仙 今池本店
📍 愛知県名古屋市千種区今池1丁目12-10

미센 스미요시점 味仙 住吉店
📍 愛知県名古屋市中区栄3丁目12-4

미센 후지가오카점 味仙 藤が丘店
📍 愛知県名古屋市名東区藤里町38-2

---🍴---

호텔 조식을 끊게 하는 마성의 맛

오구라 토스트

오구라小倉는 으깬 팥과 통팥을 섞어 만든 단팥을 뜻하며, 단어 자체는 교토에서 유래되었다고 한다.
나고야의 한 카페에서 시작되어 이제는 '나고야 모닝'이라 불리는 유명한 아침 메뉴가 되었다.
제일 유명한 카페는 '코메다 커피コメダ珈琲店'로, 나고야에서 문을 연 이래 전국구 브랜드로 자리 잡았다.

🔍 나고야에만 있는 독특한 문화, '나고야 모닝'

아침에 찻집에서 차나 커피를 주문하면 토스트와 달걀 등을 내오는 독특한 문화가 있는 나고야. 에도 시대부터 차를 즐겨 마시던 나고야 사람들로부터 이어져 내려오는 유서 깊은 문화라고 전해진다. 커피 프랜차이즈 코메다 커피가 일본 전역에 진출해 나고야 모닝을 알리면서 이제는 일본인들 사이에서 익숙해진 아침 문화. 나고야의 호텔들은 조식을 마련하는 대신 주변 찻집과 연계해 투숙객들에게 조식을 제공하기도 하며, 그렇지 않더라도 많은 찻집에서 나고야 모닝을 판매하기 때문에 저렴한 가격으로 아침을 먹을 수 있다.

🍴 추천 맛집

카코 커피 하우스 야나기바시점 P.098

평일 출근 시간마다 직장인들이 긴 줄을 서는 로컬 맛집. '긴토키'라 이름 붙인 오구라 토스트는 수제 통팥을 사용해 다소 텁텁하지만 깊은 맛을 즐길 수 있다.

코메다 커피 나야바시점 P.098

'나고야 모닝'의 원조로 출발해 이제는 전국적으로 유명한 카페가 된 코메다 커피의 나고야역 동쪽 지점. 아침마다 사람들로 붐비는 다른 코메다 커피 지점에 비해 상대적으로 느긋하게 식사를 즐길 수 있다.

—🍴—

맥주의 베스트 프렌드
테바사키

테바사키는 상당히 짜기 때문에 보통 술안주로 먹는다. 나고야의 유명한 토종닭 브랜드인
'나고야 코친名古屋コーチン'의 날개로 만든 것을 최고로 친다. 테바사키로 가장 유명한 식당은 '세계의 야마짱(世界の山ちゃん,
세카이노 야마짱)'이란 이자카야이며, 미소카츠 전문점인 야바톤처럼 나고야 곳곳에 많은 체인점이 있다.

 추천 맛집

세카이노 야마짱
나고야에키히가시점 P.097

나고야 곳곳에 자리한 테바사키 전문 이
자카야 '세계의 야마짱'의 나고야역 동쪽
지점. 대표 메뉴인 환상의 테바사키는 짭
짤하면서도 묘한 뒷맛으로 맥주와 함께
즐기기에 더할 나위 없다.

나고야 코친

일본 아이치현 일대에서 기르는
토종닭과 달걀을 이용한
요리를 통틀어 부르는 말이다.
나고야 북쪽의 고마키시가
원산지로 일본 토종닭 1호로
지정된 닭이다.

—🍴—

귀엽지만 얕볼 수 없는 든든함
텐무스

텐무스는 새우튀김 주먹밥을 뜻하는 말로 '텐무스비'라고 부르기도 한다. 튀김인 '텐푸라天ぷら'와 밥공기를
의미하는 '오무스비おむすび'를 합쳐서 만든 말로, 원래는 미에현의 한 식당에서 1950년대에 처음 만들었다고 전해지나,
나고야를 대표하는 간편 음식이 되었다. 나고야는 물론, 기후현 관광지라면 어디에나 텐무스 맛집이 있다.

 추천 맛집

텐무스 센주 마츠자카야점 P.114

나고야의 유명 먹거리 중 하나인 텐무스를
차와 함께 즐길 수 있는 곳. 그날그날 새로
들여온 재료만을 사용해 일정 시간마다
만들기 때문에 축축하지 않고 바삭한 텐
무스를 즐길 수 있다.

뭐가 필요하건 뭐든지 준비되어 있는

쇼핑 천국

귀여운 캐릭터 상품과 잡화를 원한다면

JR 나고야 다카시마야 P.090

JR 나고야역 건물에 위치한 백화점으로, 국내에선 만나기 힘든 수많은 유명 캐릭터 숍이 한꺼번에 입점해 있다. 다카시마야 백화점 5~11층에 자리한 유명 잡화점인 핸즈HANDS(구 도큐핸즈)도 꼭 들러보자.

리락쿠마 스토어 나고야점 P.091

한국에서도 인기 많은 캐릭터, 리락쿠마 관련 제품을 판매하는 공식 스토어. 한국에는 일부 위탁 판매점만 있고 공식 스토어가 없기 때문에 리락쿠마 팬이라면 시간 가는 줄 모르고 머무르게 된다.

일본 3대 도시답게 나고야에는 매력적인 쇼핑 스폿이 많다. 캐릭터 숍과 잡화점 천국인
나고야역, 저가부터 고가까지 최신 유행 패션 아이템 가득한 사카에, 거대한 아웃렛인
미츠이 아웃렛 파크 재즈 드림 나가시마까지, 테마별로 다양한 쇼핑 스폿이 여행자를 유혹한다.

무민 숍 나고야 P.090

2024년 3월 8일에 오픈한 '초신상' 가게. 한국에서는 온라인이나
팝업 스토어 등으로만 접할 수 있는 무민 시리즈의 다양한 제품
을 원 없이 구경할 수 있다.

스누피 타운 숍 나고야점 P.091

전 세계적인 인기를 자랑하는 만화 〈피너츠〉, 그
중에서도 특히 스누피에 집중한 상점이다. 스누
피가 특히 어린아이들에게 인기가 많기 때문에
갖추고 있는 상품 역시 아이용이 많다.

휴대폰 액세서리나
면세 주류를 원한다면

빅 카메라 나고야역
웨스트점 P.091

스마트폰이나 액세서리, 그리고 컴퓨터용품
을 양껏 둘러볼 수 있는 곳. 이곳의 알짜배
기는 의외로 지하 주류 코너다. 면세가 기준
으로 공항 면세점보다 싼 가격에 다양한 술
을 구입할 수 있으니 꼭 여권을 지참하자.

최신 유행의 패션 아이템을 원한다면

사카에 P.100

한국보다 싸게, 혹은 멋진 패션 아이템을 찾는다면 사카에로 가자. 히사야오도리 공원 주변에 수없이 늘어선 백화점과 쇼핑 스폿이 관광객을 유혹한다.

라시크 P.112

미츠코시 백화점에서 론칭한 젊은 감각의 세련된 쇼핑몰. 8개 층에 걸쳐 중·고가 브랜드와 편집숍이 입점해 있다. 특히 한국에서 인기 많은 브랜드인 꼼데가르송이 1층에 자리하니 팬이라면 놓치지 말자.

자라 나고야 P.110

한국에서도 유명한 스페인 의류 브랜드, 자라의 나고야 매장. 매주 2회 신상품이 스페인에서 직송으로 입고되어 한국에 없는 제품이 많다. 넓은 매장에서 이것저것 찾아보는 재미가 쏠쏠하다.

OnitsukaTiger

오니즈카 타이거 나고야 P.112

한국에서도 인기 많은 브랜드, 오니즈카 타이거의 나고야 점. 원래 일본 브랜드이기 때문에 신상품을 더 빨리, 더 많이 갖춰놓은 것은 기본. 점원들도 친절하기 때문에 원하는 모델을 가리키며 사이즈를 말하면 빠르게 대응해 준다. 면세도 가능.

나고야 파르코 P.111

사카에 백화점 중 가장 젊은 감각의 옷을 만날 수 있는 곳. 독특한 콘셉트의 편집숍이 특히 많으며, 베어브릭 피 겨나 중고 니트 전문점 등 유니크한 숍을 만날 수 있다.

아웃렛에 가고자 한다면

미츠이 아웃렛 파크 재즈 드림 나가시마 P.153

나가시마 스파랜드 바로 옆에 자리한 아웃 렛. 명품과 준명품은 물론, 생활용품과 아웃 도어 브랜드, 스포츠웨어와 일상복 등 다양 한 브랜드의 숍이 2층 건물에 200개 이상 들어서 있다.

간식의 천국

편의점 정복

세븐일레븐
セブンイレブン

세븐일레븐
타마고산도 たまごサンド

부드러운 달걀 샐러드와 식빵이 조화를 이뤄 남녀노소 누구나 맛있게 먹을 수 있다.

세븐일레븐
랑그드샤 ラングドシヤ

부드러운 쿠키 안에 진한 초콜릿이 끼워져 있는 쿠키. 고급스러운 쿠크다스 맛이다.

세븐일레븐
당고 だんご

간장 베이스에 물엿을 추가한 양념을 고루 바른 당고. 짭짤하면서도 단맛이 난다.

로손
ローソン

로손
카라아게군 からあげクン

1986년 4월에 출시한 로손에서 가장 인기 있는 간식 중 하나인 닭튀김. 기본적인 맛부터 매운맛, 치즈 맛 등 다양한 맛이 있다.

로손
모찌뿌요 もちぷよ

떡과 빵 사이의 식감을 가진 겉면을 한입 물면 부드러운 우유 크림이 입안 가득 퍼진다. 차갑게 먹는 걸 추천.

패밀리 마트
ファミリーマート

패밀리 마트
수플레 푸딩 スフレ プリン

커스터드푸딩 위 치즈 수플레가 올라가 있다. 수플레와 푸딩 둘 다 먹고 싶은 사람에게 제격이다.

배가 부르더라도 그냥 지나칠 수 없는 곳, 편의점.
편의점 브랜드 세 곳의 자체 상품과 공통으로 판매하는 간식까지 모았다.
배부름을 잊고 두 손 가득 간식을 든 나를 발견할 것이다.

 편의점 공통

아이스노미 アイスの実

거봉 크기의 구슬 모양 아이스크림이 작은 팩 안에 들어 있다. 포도, 사과, 복숭아, 배 등 다양한 과일 맛이 있으며 가장 추천하는 맛은 포도.

크림브륄레 아이스크림
OHAYO BRULEE

달콤한 캐러멜 맛과 바닐라 아이스크림이 조화를 이룬다.

쟈가리코 명란버터 맛
じゃがりこ たらこバター

명란의 짭조름함이 잘 느껴지는 스틱형 감자칩. 이 과자를 먹다 보면 맥주가 당긴다.

하겐다즈 시즌별
아이스크림 Haagen-Dazs

하겐다즈를 좋아한다면 일본에서 그 시즌에만 나오는 아이스크림을 꼭 맛보자. 밤 맛, 인절미 맛 등 다양한 제품이 있다.

피노 ピノ

우리나라의 티코 아이스크림과 비슷한 맛. 코팅된 초콜릿 안에 바닐라 맛 아이스크림이 들어 있어 당 충전하기 딱이다.

쟈지 우유푸딩
ジャージー牛乳プリン

진한 우유 맛을 느낄 수 있는 푸딩. 일본인에게 사랑받는 디저트로 항상 꼽힌다.

나고야 & 근교 도시
추천 여행 코스

나고야와 아이치현, 그리고 이웃 기후현까지 포함하면 여행자가 가야 할 곳이 너무 많다.
〈리얼 나고야〉가 기본에 충실한 정석 코스를 추천한다. 참고해서 자신의 취향과 맞는 곳을 적절히 바꿔 넣어보자.

COURSE ①
2박 3일 나고야 집중 탐구 코스

나고야 시내의 명소만 집중적으로 돌아보는 루트

DAY 1

○ **한국**

비행기 약 2시간

○ **주부 센트레아 국제공항**

메이테츠 열차로 나고야역까지 약 30분
지하철 + 도보 약 15분

○ **나고야성**

지하철 + 도보 약 10분

○ **사카에**

DAY 2

○ **아츠타 신궁**

지하철 + 도보 약 35분

○ **오스 상점가**

지하철 + 도보 약 20분

○ **오아시스21, 주부전력 미라이 타워**

지하철 + 도보 20분

○ **노리타케의 숲**

DAY 3

○ **나고야역 주변**

메이테츠 열차 특급 + 도보 약 40분

○ **주부 센트레아 국제공항**

COURSE ②
3박 4일 나고야 + 근교 나들이

나고야 시내의 명소와 근교를 관광하는 루트

DAY 1

○ 한국

　비행기 약 2시간

○ 주부 센트레아 국제공항

　메이테츠 열차로 나고야역까지 약 30분
　지하철 + 도보 약 15분

○ 나고야역 주변

　지하철 약 6분

○ 사카에

DAY 2

○ 아츠타 신궁

　지하철 + 도보 약 35분

○ 오스 상점가

　지하철 + 도보 약 20분

○ 나고야성

　메구루 버스 + 도보 약 15분

○ 노리타케의 숲

DAY 3

○ 지브리 파크

　리니모 + 도보 약 30분

○ 토요타 박물관

DAY 4

○ 나고야역 주변

　메이테츠 열차 특급 + 도보 약 40분

○ 주부 센트레아 국제공항

COURSE ③
3박 4일 나고야 + 게로

나고야시 명소와 게로 온천을
모두 즐길 수 있는 루트

DAY 1

- 한국

  비행기 약 2시간

- 주부 센트레아 국제공항

  메이테츠 열차로 나고야역까지 약 30분
  지하철 + 도보 약 15분

- 나고야성

  지하철 + 도보 약 10분

- 사카에

DAY 2

- 나고야역

  JR 특급 약 1시간 50분

- 게로역

  도보 약 9분

- 게로 온천 거리

  도보 약 15분

- 게로 갓쇼 마을

DAY 3

- 게로역

  JR 특급 약 1시간 50분

- 나고야역

  지하철 + 도보 약 15분

- 오스칸논

  도보 약 1분

- 오스 상점가

DAY 4

- 나고야역 주변

  메이테츠 열차 특급 + 도보 약 40분

- 주부 센트레아 국제공항

COURSE ④
4박 5일 나고야 + 게로 + 다카야마

나고야시와 게로, 그리고 다카야마까지 둘러보는 루트

DAY 1

- 한국

  비행기 약 2시간

- 주부 센트레아 국제공항

  메이테츠 열차 특급 + 도보 약 40분

- 나고야역 주변

  지하철 + 도보 약 10분

- 사카에

DAY 2

- 나고야역

  JR 특급 약 1시간 50분

- 게로역

  도보 약 9분

- 게로 온천 거리

  도보 약 15분

- 게로 갓쇼 마을

DAY 3

- 게로역

  JR 특급 약 45분

- 다카야마역

  시외버스 약 1시간

- 시라카와고

  시외버스 약 1시간 + 도보 약 15분

- 산마치 전통거리보존지구

  도보 약 15분

- 다카야마역

  JR 특급 약 2시간 30분

- 나고야

DAY 4

- 나고야성

  도보 약 1분

- 오스 상점가

  지하철 + 도보 약 35분

- 아츠타 신궁

  지하철 + 도보 약 30분

- 사카에

DAY 5

- 나고야역 주변

  메이테츠 열차 특급 + 도보 약 40분

- 주부 센트레아 국제공항

PART 3

진짜
나고야를
만나는
시간

나고야
가는 방법

인천 국제공항에서 나고야의 주부 센트레아 국제공항까지 약 2시간, 김해 국제공항에서는 약 1시간 25분 걸린다. 도쿄와 후쿠오카에 비해 직항편 취항사는 조금 적지만 운항 시간대가 다양해 원하는 날짜와 시간대에 골라서 갈 수 있다.

주부 센트레아 국제공항

주부 센트레아 국제공항(주로 약칭인 '센트레아Centrair, セントレア'로 불린다)은 나고야 인근인 아이치현 도코나메시의 인공 섬에 조성된 공항이다. 이 공항은 공항과 항공사 품질 평가 사이트인 스카이트랙스 선정 5성급 공항으로, 인천공항이나 싱가포르 창이공항 등과 함께 전 세계 TOP 10 공항 리스트에 항상 이름을 올린다.

1터미널 도착	대한항공, 아시아나항공, 진에어
2터미널 도착	제주항공

주부 센트레아 국제공항에서 시내로 들어가기

주부 센트레아 국제공항에서 나고야 시내로 들어갈 때는 철도와 버스, 그리고 택시와 렌터카 등을 이용할 수 있다. 모든 교통편을 이용하기 위해서는 1터미널과 연결되어 있는 액세스 플라자로 이동해야 하는데, 1터미널과 2터미널 모두 공항 곳곳에 한글과 영어로 이정표가 잘되어 있어 쉽게 찾을 수 있다. 2터미널에서 1터미널로 갈 때는 걸어가거나 무료 셔틀 버스를 이용하면 된다.

메이테츠 철도

나고야로 들어가는 대부분의 여행자가 이용하게 되는 교통수단. 가장 빠르면서 편리하다. 액세스 플라자와 연결되어 있는 '주부국제공항역セントレア駅'을 이용하게 되는데, 메이테츠의 나고야 철도 공항선의 종착역이다. 나고야로 들어가는 메이테츠의 열차 종류는 일반Local, 준급행Semi Express, 급행Limited Express, 특급 뮤스카이μSKY 등 네 종류가 있는데, 일반과 준급행은 정차하는 역이 많고 느리기 때문에 추천하지 않는다. 입국 후 먼저 가는 곳이 나고야역이 아니라 사카에 지역이라면, 가나야마역까지 가는 표를 끊는 게 비용적으로 이득이다(나고야 지하철 메이조 라인 환승 후 사카에역까지 네 정거장). 급행 이하 열차는 액세스 플라자의 자동 발매기에서 구매 가능하며 영어와 한글 모두 지원한다. 뮤스카이를 타기 위해서는 개찰구 왼쪽의 매표소에서 열차 티켓과 뮤티켓을 함께 구입해야 한다. 급행의 경우 자유석이고, 뮤스카이의 경우 전석 지정석이므로 참고하자. 이때 '가나야마'로 가는지, '나고야'로 가는지 확실히 말해야 한다.

🏠 www.meitetsu.co.jp/kor/index.asp
🏠 뮤스카이 예약 reservation.meitetsu.co.jp/Ko/Top

도착역	소요 시간	요금
나고야역	급행 37분	980엔
	뮤스카이 28분	1,430엔(980엔 + 특별권(뮤티켓) 450엔)
가나야마역	급행 32분	910엔
	뮤스카이 24분	1,360엔(910엔 + 특별권(뮤티켓) 450엔)

공항 리무진 버스

공항 리무진 버스는 철도보다 비싸고(편도 1,500엔) 하루에 6~8회만 운행하며 시간도 오래 걸리는 편이다(약 55분). 다만 사카에 지역으로 가기 위해서 가나야마에서 환승해야 하는 메이테츠선과 달리 사카에 곳곳에서 바로 하차할 수 있기 때문에(오아시스21 버스 터미널, 니시키도리혼마치, 나고야 도큐 호텔 등), 첫날 숙소가 사카에 지역에 있고 출발 시간이 맞는다면 고려해 봄 직하다. 공항 리무진 버스 탑승장 역시 액세스 플라자에서 '버스' 사인을 따라가면 바로 도착할 수 있다.

🕐 소요 시간 55분 ¥ 편도 1,500엔 🏠 시간표 www.meitetsu-bus.co.jp/airport/limousine

렌터카

렌터카를 예약하고 왔거나, 입국장 도착 층에서 현장 예약을 했다면 액세스 플라자에서 '렌터카' 사인을 따라가면 된다. 1층 버스 승강장으로 내려온 뒤, 북쪽(버스 정류장을 바라보고 왼쪽)으로 조금만 걸어가면 다양한 렌터카 업체가 밀집한 렌터카 구역을 만날 수 있다.

택시

제일 편하고, 제일 비싸다. 나고야역이나 사카에 모두 가격은 16,000~18,000엔 정도의 비용이 들며 소요 시간은 50분 내외다. 택시의 차량 사이즈와 도로 정체, 고속도로 통행료에 따라 변동 있다.

나고야의
대중교통

나고야는 대중교통이 발달되어 있다. 특히 아래의 지하철만 잘 이용해도 권역 내 거의 모든 곳을 갈 수 있다.

지하철

나고야의 지하철은 총 6개 노선으로 구성되어 있다. 워낙 촘촘히 연결되어 지하철만으로도 시내 주요 명소를 거의 모두 둘러볼 수 있다.

¥ 기본요금 성인 210엔~, 아동 100엔~

나고야 지하철 노선

기호	노선명	주요 역	주요 명소
H	히가시야마선 東山線	카메지마, 나고야, 후시미, 사카에, 카쿠오잔, 호시가오카	노리타케의 숲, 미들랜드 스퀘어, 주부전력 미라이 타워, 선샤인 사카에, 오아시스21, 히사야오도리 공원
M	메이조선 名城線	가나야마, 야바초, 사카에, 히사야오도리, 나고야조, 오조네, 아츠타진구텐마초	주부전력 미라이 타워, 선샤인 사카에, 오아시스21, 히사야오도리 공원, 오스 상점가, 나고야성, 도쿠가와엔, 도쿠가와 미술관, 아츠타 신궁
E	메이코선 名港線	가나야마, 나고야코	나고야항 수족관
T	츠루마이선 鶴舞線	센겐초, 마루노우치, 후시미, 오스칸논, 카미마에즈	오스칸논, 오스 상점가, 나고야성
S	사쿠라도리선 桜通線	나고야, 마루노우치, 히사야오도리	히사야오도리 공원, 나고야성, 도쿠가와엔, 도쿠가와 미술관
K	카미이다선 上飯田線	—	—

지하철 타는 법

① 지하철역 지도에서 타려는 역을 중심으로 목적지까지 구간을 확인한다.

② 자동 발매기로 승차권을 구매한다. 언어 변경이 가능하며, 인원수와 구간을 입력한 뒤 금액을 투입한다.

③ 구간 요금을 잘못 입력하거나 더 멀리 이동했을 경우, 목적지 역 개찰구 앞에 설치된 자동 정산기에서 정산할 수 있다.

나고야 지하철 노선도

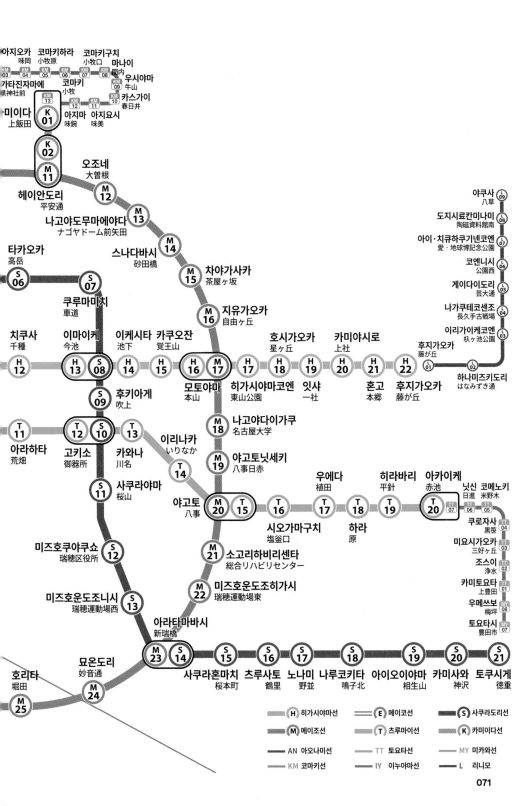

야쿠사
八草 09

도지시료칸미나미
陶磁資料館南 08

아이·치큐하쿠기넨코엔
愛·地球博記念公園 07

코엔니시
公園西 06

게이다이도리
芸大通 05

나가쿠테코센조
長久手古戦場 04

이리가이케코엔
杁ヶ池公園 03

후지가오카
藤が丘 01

하나미즈키도리
はなみずき通 02

아지오카 코마키하라 코마키구치
味岡 KM 03 小牧原 KM 05 小牧口 KM 06 마나이 間内 KM 07

가타진자마에 코마키 우시야마 KM 08
神社前 小牧 牛山 KM 09

미이다 K 01 아지마 아지요시 카스가이
上飯田 味鋺 味美 KM 11 春日井

K 02

M 11

오조네
大曽根 M 12

헤이안도리 M 13
平安通

나고야도무마에야다 M 14
ナゴヤドーム前矢田

타카오카 S 06 스나다바시 M 15 차야가사카
高岳 砂田橋 茶屋ヶ坂

S 07

쿠루마미치 M 16 지유가오카
車道 自由ヶ丘

치쿠사 이마이케 이케시타 카쿠오잔 H 16 H 17 모토야마 호시가오카 카미야시로 후지가오카
千種 今池 池下 覚王山 本山 星ヶ丘 上社 藤が丘
H 12 H 13 S 08 H 14 H 15 H 17 H 18 H 19 H 20 H 21 H 22

후키아게 히가시야마코엔 잇샤 혼고 후지가오카
S 09 東山公園 一社 本郷 藤が丘
吹上

아라하타 T 12 S 10 T 13 나고야다이가쿠 하나미즈키도리
荒畑 고키소 카와나 M 18 名古屋大学
T 11 御器所 川名 이리나카
いりなか
T 14

사쿠라야마 야고토닛세키
S 11 M 19 八事日赤

우에다 히라바리 아카이케
植田 平針 赤池

미즈호쿠야쿠쇼 야고토 시오가마구치 하라 닛신 코메노키
瑞穂区役所 M 20 T 15 T 16 T 17 T 18 T 19 T 20 日進 米野木
S 12 八事 塩釜口 原 TT 06 TT 05

소고리하비리센타 쿠로자사
M 21 総合リハビリセンター 黒笹 TT 04

미즈호운도조니시 S 13 미즈호운도조히가시 미요시가오카
瑞穂運動場西 M 22 瑞穂運動場東 三好ヶ丘 TT 03

아라타마바시 조스이
新瑞橋 浄水 MY 01

호리타 묘온도리 M 23 S 14 사쿠라혼마치 츠루사토 노나미 나루코키타 아이오이야마 카미사와 토쿠시게 카미토요타
堀田 妙音通 桜本町 鶴里 野並 鳴子北 相生山 神沢 徳重 上豊田 MY 01
M 25 M 24 S 15 S 16 S 17 S 18 S 19 S 20 S 21 우메쓰보
梅坪 MY 08

토요타시
豊田市 TT 07

H 히가시야마선 E 메이코선 S 사쿠라도리선
M 메이조선 T 츠루마이선 K 카미다선
AN 아오나미선 TT 토요타선 MY 미카와선
KM 코마키선 IY 이누야마선 L 리니모

071

버스

나고야의 시내버스는 노선과 거리에 상관 없이 모든 요금이 동일하기 때문에 이용 방법이 단순하다. 한국처럼 앞문으로 승차한 뒤, 뒷문으로 내리면 된다. 다만 지하철 노선이 워낙 잘 발달되어 있다 보니 시내버스를 이용할 일은 거의 없다.

¥ 성인 210엔, 아동 100엔 🏠 ngoweb.jcld.jp/jp/pc/bus/

메구루 버스

나고야 시내의 인기 관광 명소만 골라서 운행하는 특별 버스. 특히 원데이 티켓을 구입하면 하루 동안 무제한 이용할 수 있고, 관광 시설 할인 혜택도 있다. 다만 월요일(공휴일인 경우 다음 날)과 연말연시에는 운행하지 않으며, 하루 운행 시간도 짧으니 참고하자. 특히 막차인 17시 출발 버스는 단축 코스로 운행하는 때도 많다. 주말 전용 티켓인 도니치에코 킷푸와 마나카 카드, 쇼류도 버스 지하철 원데이 패스로도 탑승할 수 있다.

🕐 화~일 09:30~17:00 ❌ 월(공휴일인 경우 다음 날), 12월 29일~1월 3일
🏠 www.nagoya-info.jp/ko/useful/meguru

자기부상열차 (리니모)

2005년에 열린 아이치 엑스포를 위해 개설한 노선. 나고야 지하철 히가시야마선 후지가오카역과 연결되어 있다. 토요타 박물관을 방문할 때 주로 이용하게 된다.

¥ 170~380엔(구간별 상이), 1일 승차권 800엔 🏠 www.linimo.jp/language/kr

알아두면 유용한
교통 패스 & 카드

교통비가 비싼 일본에서 여행 경비를 아끼는 방법 중 하나가 교통 패스를 활용하는 방법이다. 나고야에는 지하철 무제한 승차권부터 버스 무제한 승차권, 버스와 지하철이 합쳐진 것 등 다양한 교통 패스가 마련되어 있으니, 자신의 여행 계획에 맞춰 구매해 보자.

🏠 www.kotsu.city.nagoya.jp/ko/pc/TICKET/TRP0001438.htm

나고야 시내

메구루 버스 원데이 패스

추천 나고야의 유명 관광지(나고야역, 노리타케의 숲, 나고야성, 주부전력 미라이 타워 등)만 속성 코스로 둘러보고 싶을 때

요금 성인 500엔, 아동 250엔

구매처 오아시스21 인포메이션, 가나야마 관광 안내소, 메구루 버스 안

특징 하루 동안 해당 코스에서 여러 번 내리고 탈 수 있다. 버스 1회 승차권 가격 210엔이니 3번만 타도 이득이다. 토·일 & 공휴일은 가이드 승차.

🏠 www.nagoya-info.jp/ko/useful/meguru

쇼류도 버스 지하철 원데이 패스

추천 메이테츠를 제외한 시내버스와 지하철, 그리고 메구루 버스를 티켓 한 장으로 무제한 이용하고 싶을 때

요금 성인 620엔(아동 요금 없음)

구매처 주부 센트레아 국제공항 메이테츠 플라자, 주부 센트레아 국제공항 센트럴 재팬 트래블 센터, 오아시스21 인포메이션, 지하철 나고야역, 지하철 가나야마역, 사카에역 교통국 서비스 센터

특징 여권을 소지한 단기 외국인 여행자만 구입 가능하다. 시버스 앞에 오른쪽 마크가 붙어 있으므로 메이테츠 버스와 헷갈리지 말자. 쇼류도 고속버스 패스와 다르니 유의.

메구루 버스 노선

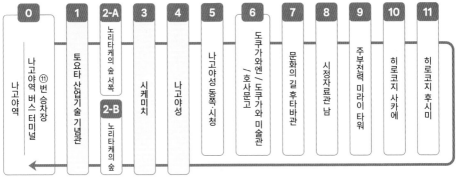

0	1	2-A	3	4	5	6	7	8	9	10	11
나고야역	나고야역 버스 터미널 ⑪번 승차장	토요타 산업기술 기념관	노리타케의 숲 서쪽 / 2-B 노리타케의 숲	시케미치	나고야성	나고야성 동쪽·시청	도쿠가와엔 / 도쿠가와 미술관 / 호사문고	문화의 길 후타바관	시정자료관 남	주부전력 미라이 타워	히로코지 사카에	히로코지 후시미

★ 17:00 출발 단축 루트는 나고야성, 시케미치, 노리타케의 숲, 토요타 산업기술 기념관에 들르지 않는다.
★ 토요타 산업기술 기념관과 나고야성은 가는 길과 돌아오는 길 모두 같은 버스 정류장에서 출발, 도착한다.

버스+지하철 1일 승차권

추천 메구루 버스를 이용하지 않고 밤늦게까지 대중교통만으로 나고야를 둘러보고 싶을 때

요금 성인 870엔, 아동 430엔

구매처 각 지하철역 매표소(자동 발매기 가능)

버스 1일 승차권

추천 시내버스만으로 나고야를 둘러보고 싶을 때

요금 성인 620엔, 아동 310엔

구매처 각 지하철역 매표소(자동 발매기 가능)

지하철 24시간 티켓

추천 지하철만으로 나고야를 둘러보고 싶을 때

요금 성인 760엔, 아동 380엔

구매처 각 지하철역 매표소(자동 발매기 가능)

특징 처음 자동개찰기에 티켓을 사용한 시점부터 24시간 동안 지하철을 이용할 수 있다.

도니치에코 킷푸

추천 버스+지하철 1일+메구루 버스 무제한 승차권 혜택을 저렴하게 이용하고 싶을 때

요금 성인 620엔, 아동 310엔

구매처 전 지하철 매표소(자동 발매기 가능), 교통국 서비스 센터

특징 버스+지하철 1일 승차권보다 저렴하나, 주말과 공휴일, 휴일, 매월 8일에만 사용 가능하다.

마나카 IC 카드

추천 각종 교통수단을 한국의 티 머니 교통카드처럼 편하게 이용하고 싶을 때

요금 발매 금액 2,000엔(이용 가능 금액 1,500엔, 보증금 500엔), 충전 상한 20,000엔

구매처 모든 지하철역 창구와 버스 안, 관광 센터 등

특징 충전해서 반복 사용할 수 있는 나고야의 교통카드. 나고야의 지하철과 버스, 그리고 공항에서 시내로 가는 메이테츠 특급 열차 등에서 사용 가능하며, 마나카manaca 마크가 있는 가게나 자동판매기 등에서 전자 화폐로도 이용할 수 있다. 또 시내버스와 지하철은 일정 시간 이내 환승 시 할인도 받을 수 있다. 일본 국내에서만 발급 가능하며, 여권이 필요하다.

🏠 ngoweb.jcld.jp/jp/pc/manaca/

나고야 시외

쇼류도 버스 주유권(쇼류도 패스)

추천 고속버스로 나고야 근교를 여행할 때

요금
· 나고야/다카야마/시라카와고/가나자와/도야마 코스 3일권 4~11월 14,000엔, 12~3월 16,000엔
· 와이드 코스(나고야/와지마/가나자와/시라카와고/다카야마/마츠모토/신호타카 로프웨이) 5일권 4~11월 20,000엔, 12~3월 22,000엔

구매처
· 공식 판매 사이트
www.mwt.co.jp/shoryudo/index_kr.php

히다지 패스(히다 에어리어 패스)

추천 나고야부터 게로와 다카야마를 포함한 히다 에어리어의 JR 열차와 버스를 탈 때

요금 3권 12,370엔

구매처 주부 센트레아 국제공항 센트럴 재팬 트래블 센터(한국에서 예약 불가)

특징 연말연시, 여름휴가, 골든위크 사용 불가(4월 27일~5월 6일, 8월 10~19일, 12월 28일~1월 6일)

놀고 먹고 즐기는 나고야의 관문, 주부 센트레아 국제공항

주부 센트레아 국제공항은 이동 동선 설계나 시설, 서비스 등 모두 최상위권으로, 아예 마음먹고 공항 4층에 '스카이타운'이란 공간을 조성해 아이치현 내 유명 맛집의 지점을 유치했고, '플라이트 오브 드림즈'라는 비행기 박물관을 조성했다. 입국 후 나고야 시내로 서둘러 가거나 출국 전 아슬아슬하게 시간에 맞춰 도착하지 말고, 여유를 가지고 천천히 공항을 즐겨볼 것을 권한다. 센트레아는 충분히 그럴 만한 가치가 있는 곳이다.

🏠 www.centrair.jp/ko

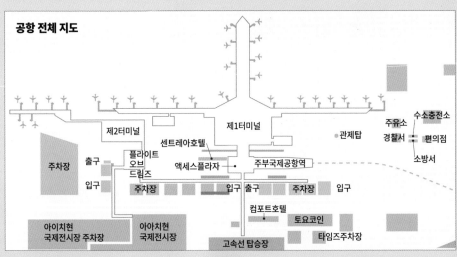

공항 전체 지도

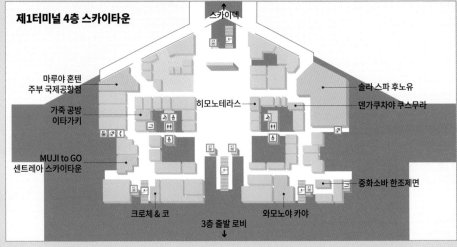

제1터미널 4층 스카이타운

보잉 787 실물이 전시되어 있는 곳
플라이트 오브 드림즈
フライト・オブ・ドリームズ

세계 최대 항공기 제조 회사인 보잉Boeing 사의 항공 테마파크 겸 복합 상업 시설. 실제 보잉 787 드림라이너 항공기가 통째로 전시되어 있으며, 내부도 견학 가능하다. 비행기 주변으로는 보잉사가 만들어진 도시, 시애틀을 테마로 꾸며놓았으며, 스타벅스를 비롯한 카페와 음식점이 입점해 있다. 별다른 위락 시설이 없는 2터미널 입구 바로 앞에 있기 때문에 아이와 함께 한다면 이곳에서 실컷 놀고 들어가는 것을 추천.

🚶 액세스 플라자에서 2터미널 방면으로 도보 6분 🕐 10:00~17:00 ¥ 무료
📞 +81-569-38-1195 🏠 www.centrair.jp/ko/service/1257851_2621.html

---

욕탕에서 바라보는 이착륙
솔라 스파 후노유 SOLA SPA 風の湯

비행기를 바라볼 수 있는 일본 최초의 전망 목욕팅. 수건 대여를 포함해도 저렴한 가격을 자랑하며, 입국 후 또는 출국 전 개운하게 피로를 씻어낼 수 있다. 내부에는 목욕 후 이용 가능한 유료 휴식 공간인 와이파이와 휴식 의자가 있는 코워킹 스페이스도 있으며, 여유롭게 식사할 수 있는 일본식 음식점도 자리한다. 욕실 천장이 유리로 이루어져 특히 일몰 무렵 분위기와 풍경이 일품이다.

🚶 4층 스카이타운 🕐 08:00~22:00(입장 마감 21:00)
¥ 입욕료(수건 포함) 성인 1,500엔, 초등학생 900엔,
3세 이상 600엔, 2세 이하 무료/코워킹 스페이스 1시간 800엔,
2시간 1,400엔, 3시간 2,000엔 📞 +81-569-38-7077
🏠 www.centrair.jp/ko/shop-dine/shop/fu-no-yu.html

활주로까지 고작 300m
스카이덱 中部国際空港スカイデッキ

주부 센트레아 국제공항의 활주로를 생생히 내려다볼 수 있는 곳. 이착륙하거나 대기 중인 비행기들은 물론, 활주로에서 크루들이 일하는 모습을 생생하게 볼 수 있어 일본 전국의 항공기 마니아들이 대포 카메라를 들고 즐겨 찾는다. 탁 트인 이세만伊勢湾과 하늘이 시시각각 만들어 내는 풍경이 아름답다.

🚶 4층 스카이타운 🕐 07:00~21:30 ¥ 무료
🏠 www.centrair.jp/ko/event/enjoy/skydeck/index.html

아웃도어 셀렉트 숍
캐나디안 모닝 & 토코
カナディアンモーニング&トコ

아웃도어 브랜드만 모아놓은 셀렉트 숍. 국내에선 보기 드문 물건이 많으며, 가방부터 의류, 잡화까지 종류도 무척 다양하다. 특히 휴대성이 좋으면서도 기능적인 아이템을 많이 갖추어놓았으니, 아웃도어 마니아라면 꼭 들러보자.

🚶 3층 로비 구역 🕐 08:00~21:00
📞 +81-569-38-2370 🏠 www.centrair.jp/ko/shop-dine/shop/canadian-morning.html

---

장인의 손길이 느껴지는 가죽 제품
가죽 공방 이타가키
鞄いたがき 中部国際空港セントレア店

홋카이도 아카비라시에 본사 공방이 있는 가죽 가방 브랜드. 식물성 천연 타닌tannin을 사용하는 친환경 가공 공법, '타닌 무두질'만 사용한 가죽을 이용해 모든 과정을 수작업으로 진행한다. 가격이 제법 있는 편이지만, 명품 브랜드에 뒤지지 않는 품질로 유명하기 때문에 그 부분을 감안하면 훨씬 저렴한 셈이다. 센트레아 지점만의 오리지널 한정판도 있으며, 구매 시 이름을 각인한 가죽 네임 태그를 서비스로 받을 수 있다.

🚶 4층 스카이타운 🕐 10:00~21:00 📞 +81-569-47-5716
🏠 www.centrair.jp/ko/shop-dine/shop/itagaki.html

조금 특별한 무인양품
MUJI to GO 센트레아 스카이타운
MUJI to GO セントレアスカイタウン

무인양품의 상품 중 여행, 비즈니스와 관련된 아이템만 모아놓은 한정 점포. 한국에서 보기 힘든 상품이 많으므로 평소 무인양품을 즐겨 찾는다면 흥미로운 경험이 될 것이다.

🚶 4층 스카이타운 🕐 09:30~17:30 📞 +81-569-38-7791
🏠 www.centrair.jp/ko/shop-dine/shop/mujitogo.html

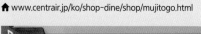

일본스러운 기념품을 사기에 제일 좋은 곳
와모노야 카야 倭物やカヤ

전통적인 일본 색채, 혹은 레트로풍을 가미한 각종 잡화를 취급하는 편집숍. 관광지의 여러 점포가 공통적으로 판매하는 퀄리티 낮은 흔한 상품이 아닌, 전문적인 브랜드의 제품을 취급하기 때문에 가성비 좋은 아이템을 많이 만날 수 있다. 일본 여행을 기념할 선물을 사기에 더할 나위 없이 좋은 곳.

🚶 4층 스카이타운 🕐 08:00~21:00
📞 +81-569-84-8086 🏠 www.centrair.jp/ko/shop-dine/shop/wamonoyakaya.html

육즙 가득한 햄버그스테이크
크로체 & 코 CROCE & Co. セントレア店

아이치현 이치노미야시에서 매일 줄이 늘어설 정도로 유명한
브런치 레스토랑의 센트레아 지점. 모닝(07:00~11:00)과
런치(11:00~14:00), 애프터눈(14:00~17:00)으로 메뉴를
나누어 운영하는데, 공항 한정 메뉴인 '모닝 샐러드 플레이
트'는 화려한 플레이팅과 영양 만점 재료로 인기가 높다. 런치
메뉴 중 한입 베어 물면 육즙이 가득 터져 나오는 햄버그스테이크
도 유명하다. 일부 메뉴는 테이크아웃 가능.

🍴 모닝 샐러드 플레이트 550엔+음료 가격,
레어 햄버그스테이크 150g 1,980엔, 클래식 버거 980엔
🚶 4층 스카이타운 ⏰ 07:00~21:00(L.O. 20:00) 📞 +81-569-84-3554
🏠 www.centrair.jp/ko/shop-dine/restaurant/croce.html

공항에서 즐기는 아이치현 향토 요리
덴가쿠차야 쿠스무라 田楽茶屋くすむら セントレア店

무려 1914년 창업한, 아이시현의 향토 요리인 '나메시 덴가
쿠菜めし田楽'를 전문적으로 만드는 식당. '나메시'는 잘게 썬
무 잎을 넣어 지은 밥을 뜻하고, '덴가쿠'는 두부에 붉은 된장
과 누룩 된장 등을 발라 굽는 요리를 뜻한다. 나메시는 풋풋
한 풍미가 일품이며, 덴가쿠는 흔히 말하는 '단짠'의 진수를
맛볼 수 있다. 간식으로 덴가쿠만 먹어도 좋고, 나메시와 함
께 식사로 즐겨도 좋다. 모든 식재료는 일본 내 정해진 산지
재료만 고집한다. 덴가쿠는 테이크아웃 가능.

🍴 두부 덴가쿠 5개 770엔, 나메시 덴가쿠 1,100엔
🚶 4층 스카이타운 ⏰ 09:00~21:00(L.O. 20:30)
📞 +81-569-38-1284 🏠 www.centrair.jp/ko/shop-dine/
restaurant/kusumura.html

대기 줄 없이 즐기는 히츠마부시
마루야 혼텐 주부 국제공항점
まるや本店 中部国際空港店

히츠마부시 전문점이 많은 나고야에서도 특히 유명한 브
랜드, '마루야 혼텐'의 센트레아 지점. 나고야 시내에 위
치한 점포들은 언제나 긴 대기 줄이 늘어서지만 이곳은
대부분의 시간대에 예약 없이 히츠마부시를 즐길 수 있
다. 장어를 못 먹는 사람을 위한 텐푸라 정식도 있으며,
어린이 메뉴도 별도로 준비되어 있다. 스마트 태블릿을
통한 한국어 메뉴도 지원한다.

🍴 특상 히츠마부시 7,250엔, 보통 히츠마부시 4,150엔
🚶 4층 스카이타운 ⏰ 10:00~21:30(L.O. 21:00)
📞 +81-50-5487-7739 🏠 www.centrair.jp/ko/shop-
dine/restaurant/maruya.html

나고야 제일면
중화소바 한조제면 中華そば 半蔵製麺

아이치현에 4개의 점포를 운영하는 한조그룹의 센트레아 지점. 이 가게의 특징은 면으로, 홋카이도의 제분소에서 독자적으로 블렌딩한 밀가루를 사용해 쫄깃하면서도 찰진 식감을 자랑한다. 특히 추천할 만한 것은 가게의 대표 메뉴인 '하마구리다시노쇼유 라멘(대합 육수 쇼유 라멘)'으로, 시원한 국물에 특유의 면발과 서로 다른 차슈가 환상적인 궁합을 이룬다. 센트레아 스카이타운에서 한 끼를 즐기고 싶지만 시간이 많지 않은 여행자에게 강력히 추천한다. 1인 좌석도 마련되어 있다.

✕ 대합 육수 쇼유 라멘 1,000엔, 시시마루 파이탄 라멘 1,050엔, 닭새우 미소 라멘 1,200엔
🚶 4층 스카이타운 🕐 10:00~21:00(L.O. 20:30) 📞 +81-569-38-1307 🏠 www. menya-hanzo.com/hanzoseimen.html

본격파 일본식 건어물 구이
히모노테라스 ヒモノ照ラス セントレア店

유명 건어물 전문 도매상이 직접 운영하는 건어물 구이 식당. 모든 생선은 주문 즉시 구우며, 반찬 역시 선택한 건어물과 가장 잘 어울리는 것으로 채워진다. 생선구이를 좋아한다면 만족할 수밖에 없는 곳. 점포가 작은 편이기 때문에, 좌석을 먼저 확보한 뒤 주문하는 시스템이므로 주의하자(주문 시 좌석 번호를 말해야 한다).

✕ 금눈돔 정식 2,068엔, 연어 정식 1,738엔, 고등어 정식 1,628엔
🚶 4층 스카이타운 🕐 평일 10:00~21:00, 주말 & 공휴일 08:00~21:00(L.O. 20:30)
📞 +81-569-47-6455 🏠 www.centrair.jp/ko/shop-dine/restaurant/himono-terrace.html

명실상부한 나고야의 중심

나고야역 名古屋駅

#맛집격전지 #1일이용객100만명 #전망맛집

일평균 100만 명이 오가는 나고야역은 늘 분주하다.
평일 아침저녁으로는 양복을 입은 비즈니스맨들이 신칸센을
타기 위해 바삐 움직이고, 오후와 심야에는 연인, 친구와
함께 찾은 사람들로 붐비며, 주말에는 국내외 여행객이 수많은
인파를 이룬다. 많은 사람이 오가는 만큼 당연히 쇼핑 스폿과
맛집, 숙소도 곳곳에 가득하다. 별 계획 없이 한두 곳 들르다
보면 어느 틈에 하루가 훌쩍 지나가 버린다.

나고야역
추천 코스

나고야역과 그 주변은 볼거리도, 먹을거리도, 즐길 거리도 많다. 어차피 한 번에 모든 곳을 방문하는 것은 불가능에 가깝기 때문에, 자신이 좋아하는 것들로 동선을 짜보자.

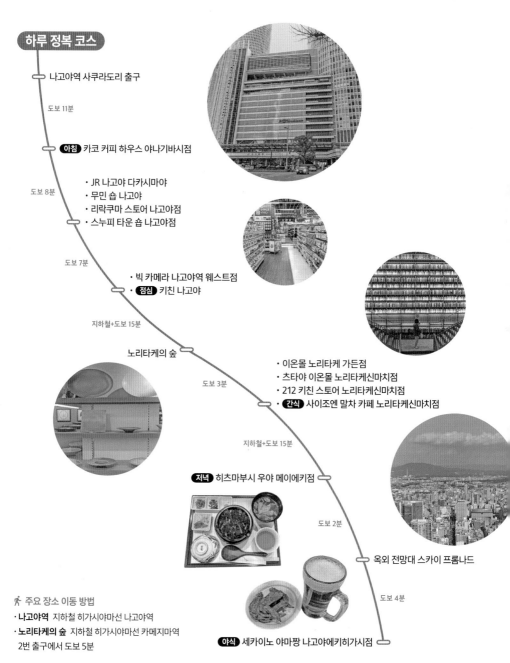

하루 정복 코스

┬ 나고야역 사쿠라도리 출구

　도보 11분

┝ **아침** 카코 커피 하우스 야나기바시점

　도보 8분

┝ · JR 나고야 다카시마야
　· 무민 숍 나고야
　· 리락쿠마 스토어 나고야점
　· 스누피 타운 숍 나고야점

　도보 7분

┝ · 빅 카메라 나고야역 웨스트점
　· **점심** 키친 나고야

　지하철+도보 15분

┝ 노리타케의 숲

　도보 3분

┝ · 이온몰 노리타케 가든점
　· 츠타야 이온몰 노리타케신마치점
　· 212 키친 스토어 노리타케신마치점
　· **간식** 사이조엔 말차 카페 노리타케신마치점

　지하철+도보 15분

┝ **저녁** 히츠마부시 우야 메이에키점

　도보 2분

┝ 옥외 전망대 스카이 프롬나드

　도보 4분

┝ **야식** 세카이노 야마짱 나고야에키히가시점

🚶 주요 장소 이동 방법
· **나고야역** 지하철 히가시야마선 나고야역
· **노리타케의 숲** 지하철 히가시야마선 카메지마역
　2번 출구에서 도보 5분

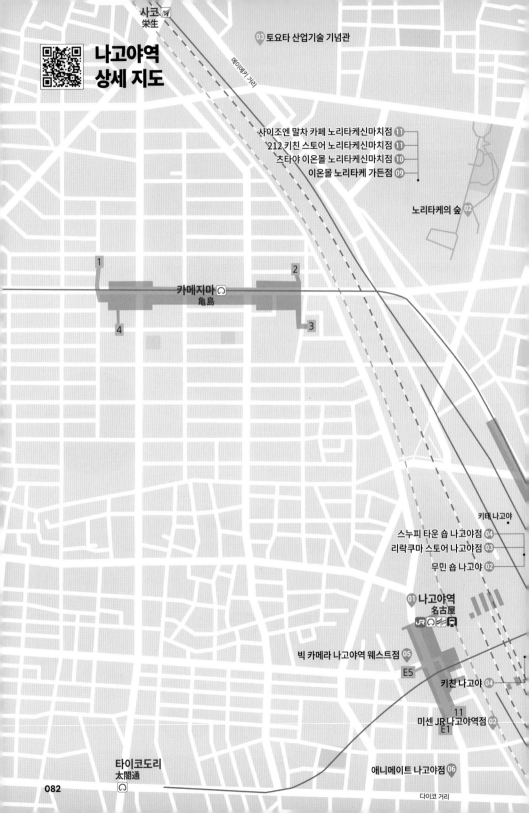

사코 ⚓
栄生

03 토요타 산업기술 기념관

나고야역
상세 지도

메이에키 거리

사이조엔 말차 카페 노리타케신마치점 11
212 키친 스토어 노리타케신마치점 11
츠타야 이온몰 노리타케신마치점 10
이온몰 노리타케 가든점 09

노리타케의 숲 02

1

2

카메지마 ⚓
亀島

4

3

키태 나고야

스누피 타운 숍 나고야점 04
리락쿠마 스토어 나고야점 03
무민 숍 나고야 02

01 나고야역
名古屋
JR ⚓ ⚓ ⚓

빅 카메라 나고야역 웨스트점 05
E5

키친 나고야 04

11
미센 JR 나고야역점 02
E1

타이코도리
太閤通 ⚓

애니메이트 나고야점 06

다이코 거리

마루노우치 🚇
丸の内

1 2
🚇 고쿠사이센터
国際センター

10 하브스 다이나고야 빌딩점
2 4 13 4
5 7
01 JR 나고야 다카시마야
07 세카이노 야마짱 나고야에키히가시점
츠 나고야
05 옥외 전망대 스카이 프롬나드
04 미들랜드 스퀘어
메이테츠 나고야 06 히츠마부시 우야 메이에키점
名鉄名古屋 니시키 거리
07 메이테츠 백화점 본점 01 멘우라야마 메이에키점
08 긴테츠 파세 05 야바톤 나고야역 메이테츠점 08 카코 커피 하우스
야나기바시점 후시미 🚇
• 메이테츠 버스 센터 伏見

와멘구리코 라멘 나고야점 03 09 코메다 커피 나야바시점

083

주부 교통의 중심 ······ ①

나고야역 名古屋駅

JR, 메이테츠선, 긴테츠선이 나란히 자리한 대규모 역사다. 1일 이용객이 무려 100만 명을 넘으며, 신칸센을 통해 가까이로는 오사카와 시즈오카, 멀리는 도쿄와 후쿠오카까지 갈 수 있다. 또 6개의 지하철 노선 중 히가시야마선과 사쿠라도리선이 지나가며, 인접한 시영 버스 터미널과 메이테츠 버스 터미널까지 합치면 명실상부한 나고야의 중심이라고 할 수 있다. 그런 만큼 JR 나고야 다카시마야 백화점, 메이테츠 백화점, 긴테츠 파세, 키테 나고야Kitte Nagoya 등 백화점과 쇼핑몰이 인접해 있으며, 수많은 맛집과 숙소가 동서로 광범위하게 퍼져 있다.

📍 愛知県名古屋市中村区名駅1丁目 1-4　📞 +81-50-3772-3910
🏠 global.jr-central.co.jp/ko　🔎 Nagoya Station

나고야역 완벽 분석

나고야역은 언뜻 복잡해 보이지만, 사실 알고 보면 굉장히 간단한 구조다. 북쪽부터 남쪽으로 JR 나고야역, 메이테츠역, 긴테츠역, 메이테츠 버스 센터 순으로 배치되어 있기 때문이다. 즉 여행자들이 대부분 이용하게 되는 사쿠라도리 출구 바깥에서 나고야역을 바라본다고 하면, 오른쪽에서 왼쪽으로 위와 같은 순서로 이어진다고 생각하면 된다. 그리고 당연히 모든 스폿은 거대한 지하도로 연결되어 있다.

JR 나고야역 JR 名古屋駅 ♀나고야역

나고야역 주변은 남북으로 뻗은 나고야역을 중심으로 동서로 나뉘어 있다. 동쪽으로 가기 위해서는 사쿠라도리 출구로, 서쪽으로 가기 위해서는 타이코도리 출구로 나가면 된다. 대부분의 여행자가 이용하는 쇼핑 스폿이나 맛집, 호텔은 동쪽에 모여 있으며, 서쪽에는 저렴한 숙소와 렌터카 업체가 모여 있다. 지하에는 지하철 사쿠라도리선과 히가시야마선 정류장이 있으며, 지상에서 신칸센과 JR의 모든 열차를 이용할 수 있다. 특히 게로와 다카야마로 출발하는 '특급 와이드뷰 히다'가 이곳에서 출발하니 체크해두자. JR 다카시마야 백화점 및 JR 다카시마야 게이트 타워 몰과 직접 연결되어 있다.

메이테츠 나고야역 名鉄名古屋駅 ♀메이테츠 나고야역

일본의 16대 대형 사철私鉄 중 하나인 메이테츠선의 거점 역이다. 나고야 시내와 주부 센트레아 국제공항을 오가는 주요 거점이며, 이누야마를 방문할 때도 들르게 된다. 오가는 열차 수에 비해 플랫폼 수가 적기 때문에, 서로 다른 목적지로 향하는 긴 열차, 짧은 열차가 정신없이 바뀌므로 주의할 필요가 있다. 메이테츠 백화점 본관과 직접 연결되어 있다.

북

JR 나고야역

메이테츠 나고야역

긴테츠 나고야역

메이테츠 버스 센터

남

긴테츠 나고야역 近鉄名古屋駅 ♀ 긴테츠 나고야역

일본의 16대 대형 사철 중 가장 거대한 규모를 자랑하는 철도. 단, 나고야와 주변 도시만 여행한다면 들를 일이 없다. 오사카나 교토와 연계해 나고야에 들른다면, 신칸센에 비해 저렴한 비용으로 이용할 수 있다. 긴테츠 파세와 직접 연결되어 있다.

메이테츠 버스 센터
名鉄バスセンター ♀ 나고야(메이테쓰 BC)

메이테츠 사철에서 직접 운영하는 버스 터미널. 시라카와고 및 구조하치만에 가기 위해 반드시 들르게 되는 장소다. 3층에 자리한 탓에 입구를 헷갈리는 여행자가 많은데, 지상을 기준으로 나고야역 동쪽에서 남쪽으로 내려오다가 긴테츠 나고야역을 지나면 나오는 거대한 마네킹 모양의 예술품, '나나짱' 옆에 메이테츠 버스 센터로 올라가는 에스컬레이터가 있다. 메이테츠 백화점 남성관과 직접 연결되어 있다.

풍경 자체만으로 힐링이 되는 곳 ⋯⋯⋯ ②
노리타케의 숲 ノリタケの森

세라믹 식기 제조업체인 노리타케 컴퍼니 리미티드가 창립 100주년을 맞아 옛
공장 부지에 2001년 오픈한 도자기 관련 복합 시설이다. 약 34,000㎡(10,285
평)의 광활한 부지에 공원과 상점, 갤러리와 뮤지엄, 크래프트 센터 등이 들어서
있으며, 붉은 벽돌로 지은 옛 공장과 가마터, 굴뚝 등은 나고야시로부터 지역 건
축물 자산으로 인정받았다. 공원 전체가 시민 녹지 및 도시 오아시스 2019로 지
정될 만큼 나고야 시민들의 사랑을 듬뿍 받는 휴식처다. 다양한 가격대의 도자기
쇼핑은 물론, 아름다운 풍경 속에서 산책을 즐기는 것만으로도 힐링이 된다. 뮤
지엄의 경우 내부 촬영 금지이므로 주의하자.

🚶 지하철 히가시야마선 카메지마역 2번 출구에서 도보 5분, 나고야 메구루 버스
'노리타케의 숲 서쪽' 하차 후 도보 6분 ♥ 愛知県名古屋市西区則武新町3丁目1-36
🕐 환영 센터 & 크래프트 센터 박물관 10:00~17:00, 상점 & 뮤지엄 10:00~18:00
✖ 월(공휴일인 경우 다음 날), 12월 26일~1월 3일
¥ 크래프트 센터·뮤지엄 성인 500엔, 고등학생 이하 무료 📞 +81-52-561-7114
🏠 www.noritake.co.jp/mori ♀ 노리타케의 숲

일본 공업의 변천사를 한눈에 볼 수 있는 곳 ⋯⋯⋯ ③

토요타 산업기술 기념관 トヨタ産業技術記念館

일본 공업의 상징이라 할 수 있는 회사인 토요타의 창립 초창기부터 현재까지의 역사를 확인할 수 있는 곳이다. 2007년 근대화 산업 유산으로 지정된 거대한 벽돌 공장 건물 내부에서 수많은 산업에 쓰인 기계를 큰 스케일로 감상할 수 있다. 하루 두 번 영어 가이드 투어(섬유기계관 14:00, 자동차관 15:15)를 제공하며, 한국어를 지원하는 음성 안내 기기(대여료 200엔) 및 앱(시설 내 무료 와이파이 지원)도 있으니 이용해 보면 좋다. 또 노리타케 크래프트 센터와 연계되는 공통권(1,200엔)과 토요타 박물관과 연계되는 공통권(성인 1,800엔, 중고생 640엔, 초등학생 460엔)도 판매하니 두 곳과 함께 둘러볼 예정이라면 저렴하게 이용할 수 있다.

🚶 JR 나고야역에서 도보 18분, 나고야 메구루 버스 승차 후 '토요타 산업기술 기념관' 하차
📍 愛知県名古屋市西区則武新町4丁目1-35
🕐 09:30~17:00(입장 마감 16:30)
❌ 월, 12월 29일~1월 1일 ¥ 성인 1,000엔, 대학생 500엔(학생증 필수), 중고생 300엔, 초등학생 200엔 📞 +81-52-551-6115
🏠 www.tcmit.org/korean
🔍 도요타 산업기술 기념관

나고야 최고급 문화 시설 ⋯⋯⋯ ④

미들랜드 스퀘어 ミッドランドスクエア

지하 6층, 지상 47층의 오피스동과 지상 6층 상업동으로 구성된 최고급 복합 시설. 상업동에는 최고급 명품 숍과 영화관 등이 들어가 있고, 오피스동에는 주부 지방 최고의 전망대, 스카이 프롬나드가 있다. 상업동은 6층 전체가 아트리움 구조로 이루어져 탁 트인 개방감을 자랑하며, 곳곳에 최고급 레스토랑과 카페가 숨어 있어 찾아보는 재미가 쏠쏠하다.

🚶 JR 나고야역 사쿠라도리 출구에서 도보 2분 📍 愛知県名古屋市中村区名駅4丁目7-1 🕐 11:00~20:00 📞 +81-52-527-8877
🏠 www.midland-square.com(한국에서 접속 불가)
🔍 미들랜드 스퀘어

나고야의 지붕 ······ ⑤

옥외 전망대 스카이 프롬나드

屋外展望台 スカイプロムナード

명품 쇼핑몰인 미들랜드 스퀘어에 포함된 옥외 전망대. 잠실 롯데월드타워에도 있는 더블 덱 엘리베이터로 42층까지 올라간 후, 입장권을 구매해 46층 전망대로 이동해야 한다. 나고야 중심부에 있는 최정상 전망대답게 천천히 걸어 내려오면서 3층 높이의 통유리를 통해 나고야의 동서남북을 모두 조망할 수 있으며, 노을과 야경이 특히 유명하다. 앉을 만한 좌석도 곳곳에 마련되어 있으며, 다양한 전시 이벤트도 함께 열린다.

🚶 JR 나고야역 사쿠라도리 출구에서 도보 2분 　📍 愛知県名古屋市中村区名駅4丁目7-1 46F 　🕐 11:00~22:00(입장 마감 21:30) 　❌ 월(공휴일인 경우 다음 날), 12월 26일~1월 3일 　💴 성인 1,000엔, 중·고생 500엔, 초등학생 300엔(주말 & 공휴일 무료) 　📞 +81-52-527-8877 　🏠 www.asoview.com/channel/ticket/VO6ZoK99ry/icket0000014543 　🔍 옥외전망대 스카이 프롬나드

만인의 취향을 존중하는 쇼핑 스폿 ⋯⋯ ①

JR 나고야 다카시마야
ジェイアール名古屋タカシマヤ

JR 나고야역 건물에 위치한 백화점. JR 도카이 본사가 있는 나고야역 게이트 타워의 'JR 타카시마야 게이트 타워 몰'과도 연결되어 있다. 다카시마야 백화점 5~11층에 자리한 유명 잡화점인 핸즈HANDS(구 도큐핸즈)는 반드시 돌아봐야 한다. 홈페이지에서 외국인 관광객 대상 5% 우대권을 배포(3,000엔 이상 구매 시 적용, 일부 브랜드 제외)하니 미리 프린트해 가면 좋다. 게이트 타워 몰 12층과 13층에는 젊은 고객을 타깃으로 한 다양한 맛집이 자리하며, 곳곳에서 나고야의 무료 야경을 즐길 수 있다.

🏃 JR 나고야역 내 📍 愛知県名古屋市中村区名駅1丁目1-4
🕐 10:00~20:00(레스토랑별로 종료 시간 상이)
📞 +81-52-566-1101 🏠 www.jr-takashimaya.co.jp/kr
📍 JR Nagoya Takashimaya

무민 팬들의 천국 ⋯⋯ ②

무민 숍 나고야
ムーミンショップ ナゴヤ

2024년 3월 8일에 오픈한 '신상' 가게. 사카에 라시크에 있는 지점보다 규모도 더 크고 상품도 다양하다. 한국에서는 온라인이나 팝업 스토어 등으로만 접할 수 있는 무민 시리즈의 다양한 제품을 원 없이 접할 수 있다. 인형이나 머그컵, 우산, 시계 같은 잡화는 물론, 넥타이나 주얼리처럼 "이런 물건에도 무민이?"라며 놀랄 만큼 별의별 생활용품이 있으니 무민 팬이라면 꼭 방문해 보자.

🏃 JR 다카시마야 게이트 타워 몰(JR 다카시마야 백화점과 연결) 6층
📍 愛知県名古屋市中村区名駅1-1-3 6F 🕐 10:00~21:00 📞 +81-52-566-6609
🏠 www.moomin.co.jp/shops/moominshop/nagoya 📍 Moomin Shop Nagoya

한국에서는 만날 수 없는 리락쿠마를 여기서! ……③
리락쿠마 스토어 나고야점
リラックマストア 名古屋店

한국에서도 인기 많은 캐릭터, 리락쿠마의 공식 스토어. 한국에는 일부 위탁 판매점만 있고 공식 스토어가 없기 때문에 리락쿠마 팬이라면 시간 가는 줄 모르고 머무르게 된다. 매장 입구에 위풍당당하게 앉아 있는 리락쿠마 모형과의 인증 사진은 필수! 인파가 붐비는 시간이면 사진을 찍기 위한 대기 줄이 생길 정도다.

🏃 JR 다카시마야 게이트 타워 몰(JR 다카시마야 백화점과 연결) 7층
📍 愛知県名古屋市中村区名駅1丁目1-3 7F 🕐 10:00~21:00
📞 +81-52-566-6703 🏠 www.san-x.co.jp/blog/store/category/nagoya.html 🔎 Rilakkuma

스누피 마니아라면 반드시 방문해야 할 곳 ……④
스누피 타운 숍 나고야점
スヌーピータウンショップ名古屋店

전 세계적인 인기를 자랑하는 만화 〈피너츠〉, 그중에서도 스누피에 집중한 상점이다. 스누피가 어린아이들에게 인기가 많기 때문에 갖추고 있는 상품 역시 아이용이 많다. 특히 인형의 소재가 좋기 때문에 안심하고 안을 수 있다. 매장 곳곳에 스누피를 테마로 한 포스터나 오브제도 아기자기하게 잘 꾸며져 있어 사진 찍기에도 좋다.

🏃 JR 다카시마야 게이트 타워 몰(JR 다카시마야 백화점과 연결) 7층 📍 愛知県名古屋市中村区名駅1丁目1-3 7F 🕐 10:00~21:00 📞 +81-52-566-6705 🏠 town.snoopy.co.jp/shoplist/shop27 🔎 스누피 타운 나고야

전자 제품보다 술을 사야 하는 곳 ……⑤
빅 카메라 나고야역 웨스트점
ビックカメラ 名古屋駅西店

일본 여행을 몇 번 다녀온 사람이라면 누구나 아는 전자 제품 양판점. 대부분의 전자 제품은 전원이 110볼트이기 때문에 그림의 떡이지만, 스마트폰이나 액세서리, 컴퓨터용품은 맘껏 둘러볼 수 있다. 또 이곳의 최대 장점은 지하 1층에 자리한 주류 판매 코너다. 면세가를 기준으로 공항 면세점보다 싼 가격에 다양한 술을 구입할 수 있기 때문. 관심이 있다면 여권을 지참하자.

🏃 JR 나고야역 타이코도리 출구에서 도보 1분 📍 愛知県名古屋市中村区椿町6-9 🕐 10:00~21:00 📞 +81-52-459-1111 🏠 www.biccamera.com/bc/i/shop/shoplist/shop033.jsp?ref=gmb 🔎 BicCamera Nagoya Station West

나고야 '덕후'들의 만남의 장소 ⋯⋯⋯ ⑥
애니메이트 나고야점 アニメイト名古屋店

'아니메'라고도 부르는 일본 애니메이션과 관련된 각종 공식 상품을 판매하는 곳. 클리어 파일이나 펜, 열쇠고리 같은 일반적인 품목은 물론, 피겨와 설정집, 아크릴 스탠드, 끌어안는 베개까지 갖추었다. OTT 등에서 방영 중인 최신 아니메일수록 관련 상품을 만날수 있는 확률이 높다. 층별로 남성향, 여성향 작품이 구분되어 있으며, 손님들의 개성 넘치는 패션을 구경하는 재미도 쏠쏠하다.

🏃 JR 나고야역 타이코도리 출구에서 도보 4분 📍 愛知県名古屋市中村区椿町18-4 椿太閣ビル 🕐 평일 11:00~20:00, 주말 10:00~20:00
📞 +81-52-453-1322 🏠 www.animate.co.jp/shop/nagoya
🔍 애니메이트 나고야점

주부 지방을 주름잡는 사철,
메이테츠의 본거지 ⋯⋯⋯ ⑦
메이테츠 백화점 본점 名鉄百貨店 本店

메이테츠 철도에서 직접 운영하는 백화점. 본관과 신사관(멘즈관)으로 구성되었으며 서로 연결되어 있다. 가격대가 낮은 편이어서 잘만 찾는다면 생각보다 괜찮은 상품을 구입할 수 있다. 메이테츠 철도를 이용할 때시간 여유가 있다면 들러보자.

🏃 JR 나고야역과 지하로 연결 📍 愛知県名古屋市中村区名駅1丁目2-1 🕐 10:00~20:00 📞 +81-52-585-1111
🏠 www.e-meitetsu.com/mds 🔍 메이테츠 백화점,
Meitetsu Department Store Main Store

아이돌 팬이라면 들러야 할 곳 ⋯⋯⋯ ⑧
긴테츠 파세 Kintetsu Pass'e

일본 대형 사철 16개 회사 중 최대 규모 사철인 킨키 일본 철도(표기는 '킨테츠近鉄')에서 직접 운영하는 백화점. 11층 타워레코드에서 수많은 한국 아이돌의 일본 음반과 관련 굿즈를 판매하고, 4층 팝업 스토어 공간에서는 관련 컬래버레이션 행사가자주 열린다. 특히 주부 지역의 팬들에게는 성지에 준하는 곳으로 통하니, 아이돌 팬이라면 참고하자.

🏃 JR 나고야역과 지하로 연결 📍 愛知県名古屋市中村区名駅1丁目2-2 🕐 10:00~20:00 📞 +81-52-582-3411
🏠 www.passe.co.jp 🔍 긴테쓰 파세

이온몰이 이렇게나
세련될 수 있다고? ⑨
이온몰 노리타케 가든점
イオンモール Nagoya Noritake Garden

2021년 10월 오픈한 쇼핑몰. 일본 여행을 몇 번 다녔다면 기존의 올드한 이온몰을 떠올릴 수 있지만, 외관에서도 짐작할 수 있듯 이온몰에서 작정하고 최신 유행 감성으로 만든 곳이다. 레스토랑과 숍 모두 젊은 감성의 브랜드이며, 적절한 가격대를 유지하고 있다는 것이 특징. 그다지 넓지 않으면서도 SNS 인증 사진 찍을 곳이 많으므로 구석구석 즐겁게 둘러볼 수 있다. 노리타케의 숲을 방문할 예정이라면 꼭 이곳과 묶어서 코스를 짜자.

🚶 노리타케의 숲과 연결   📍 愛知県名古屋市西区則武新町3丁目1-17
🕐 10:00~21:00   📞 +81-52-587-1600   🏠 nagoya-noritake-garden.aeonmall.com   🔍 이온몰 나고야 노리타케 가든

새롭게 떠오르는
인스타그램 성지 ······⑩

츠타야 이온몰
노리타케신마치점

TSUTAYA BOOKSTORE 則武新町店

이온몰 노리타케 가든점에 있는 일본의 대형 서점 체인 츠타야. 이곳을 추천하는 이유는 단 하나, 두 층을 차지하는 서점 중앙에 자리한 거대 북 디스플레이 존 때문. 천장에 거울을 설치해 시각 효과를 극대화했으며, 화려한 백그라운드 조명 덕분에 '대충 찍어도 명작'이 나온다. 계단 중간에서는 촬영 금지이므로, 1층이나 2층에서 찍어야 한다. 아늑하고 편안한 분위기를 자랑하고, 곳곳에 독서용 의자도 많아 조용히 쉬어 가기 좋다.

🚶 이온몰 노리타케 가든점 2~3층 📍 愛知県名古屋市西区則武新町3丁目1-17 2~3F
🕙 10:00~21:00 📞 +81-52-446-5505 🏠 store-tsutaya.tsite.jp/store/
detail?storeId=4255 🔎 TSUTAYA BOOKSTORE Noritake Shinmachi

주방용품 오마카세 ······⑪

212 키친 스토어 노리타케신마치점

212キッチンストア イオンモール則武新町店

주방용품 전문 편집숍. 일본을 비롯한 전 세계 브랜드의 상품을 테마에 맞춰 구비해놓았다. 예쁘고 실용적이며 부피를 덜 차지하는 상품 위주로 구성되어 있다. 가성비가 좋아 선물용으로 안성맞춤이다. 요리에 취미가 있다면 순식간에 불어나는 장바구니를 조심할 것!

🚶 이온몰 노리타케 가든점 1층 📍 愛知県名古屋市西区則武新町3丁目
1-17 1F 🕙 10:00~21:00 📞 +81-52-526-3680
🏠 store.world.co.jp/real-store/1000007582
🔎 212 Kitchen Noritake Shinmachi

나고야에서 맛보는 정통 시오 라멘 ……①

멘우라야마 메이에키점 麺うら山 名駅店

닭 육수를 넣은 맑은 시오 라멘과 고유의 간장을 첨가한 쇼유 라멘 전문점. 쫄깃하고 부드러운 차슈와 술술 넘어가는 맑은 국물과 면을 함께 즐기고 나면 방금 배불리 먹었음에도 바로 '나고야 메시'가 당기는 진귀한 경험을 하게 된다.

🍴 시오 라멘 950엔, 다시마 쇼유 라멘 950엔, 새우 미소 라멘 950엔 🚶 JR 나고야역 사쿠라도리 출구에서 도보 11분 📍 愛知県名古屋市中村区名駅5丁目30-1 いちご名駅中駒ビル ⏰ 평일 11:00~15:00·17:00~23:00, 주말 11:00~23:00 ❌ 연말연시 📞 +81-52-571-5566 🏠 www.men-urayama.com 🔍 Men Urayama Meieki

나고야식 B급 구루메의 정석 ……②

미센 JR 나고야역점 味仙 JR名古屋駅店

'타이완 라멘'을 맛볼 수 있는 곳. 보통 일본에서 맵다고 하면 한국인 입장에서 얕보는 경우가 많지만, 이곳의 메뉴는 정말로 맵다. 대표 메뉴인 타이완 라멘의 경우, 신라면보다 더 매운 정도. 한국어 메뉴판도 갖추었다.

🍴 타이완 라멘 920엔, 고기장면 1,150엔, 타이완동 980엔 🚶 JR 나고야역 1층 타이코도리 출구 쪽 우마이몬도리 📍 愛知県名古屋市中村区名駅1丁目1-4 JR名古屋駅うまいもん通り ⏰ 11:00~23:00(L.O. 22:00) 📞 +81-52-581-0330 🏠 www.misen.ne.jp 🔍 미센 JR 나고야역점

부담 없는 맑은 국물 라멘 ……③

와멘구리코 라멘 나고야점 和麺ぐり虎 名古屋店

이탈리아 요리 전문가였던 오너 셰프가 도쿄식 라멘을 공부해 론칭한 브랜드. 해산물과 닭 육수를 최대한 활용해 기존 라멘과는 다른 '맑은 국물 라멘'이 특징이다. 또 가게에서 면을 직접 뽑는 자가 제면 방식을 고집하기 때문에, 모든 면 요리에서 탄력 넘치는 면발을 즐길 수 있다.

🍴 특선 해산물 라멘 1,100엔, 특선 쇼유 라멘 1,050엔, 마제 소바 750엔 🚶 JR 나고야역 사쿠라도리 출구에서 도보 11분 📍 愛知県名古屋市中村区名駅5丁目38-7 ⏰ 평일 11:00~15:00·17:00~21:00, 주말 & 공휴일 11:00~21:00 📞 +81-52-462-8500 🏠 www.instagram.com/wamen_guriko_nagoya 🔍 Ramen Wamen Guriko Nagoya

미소카츠와 테바사키를 동시에 즐겨보자 ...... ④
키친 나고야 キッチンなごや

미소카츠 전문점인 동시에 테바사키(일본식 닭 날개 튀김)로도 유명한 식당. 고유의 붉은 된장을 사용한 미소카츠는 단짠의 정석을 보여주고, 나고야 고유의 닭 품종인 '나고야 코친'으로 만든 테바사키도 쫄깃하게 씹히는 식감이 일품이다. 짧은 여정이라서 미소카츠와 테바사키를 동시에 즐길 여유가 없는 여행자들에게 추천. 다만 점심시간이나 저녁~심야에는 언제나 대기 줄이 있으니 감안하자.

✗ 나고야 절찬 정식(미소카츠+테바사키) 1,760엔, 킨샤치 정식(미소카츠+새우 프라이) 1,660엔, 미소 로스카츠 정식 1,380엔 🚶 JR 나고야역 중앙부 1층 우마이몬도리(입구에서 지하 1층으로 내려가야 한다) ♥ 愛知県名古屋市中村区名駅1丁目1-4 JR名古屋駅 名古屋 うまいもん通り ⏰ 10:30~22:00(L.O. 21:30) 📞 +81-52-561-6669 🏠 www.jrt-food-service.co.jp/store/details22.html 🔍 Kitchen Nagoya

붉은 된장의 단짠단짠 신세계 ...... ⑤
야바톤 나고야역 메이테츠점 矢場とん 名古屋駅名鉄店

명실상부 나고야의 대표 메뉴, 미소카츠 원조로 유명한 야바톤의 메이테츠 백화점 지점. 나고야에 수많은 미소카츠 전문점이 있지만 유독 야바톤의 모든 지점이 대기 손님으로 넘치는 이유는 직접 먹어보면 바로 알 수 있다. 갓 튀긴 바삭하고 두툼한 돈카츠에 특제 미소 소스를 직접 부어주는데, 단짠의 신세계를 경험할 수 있다. 식사 시간대는 물론, 한가한 오후에도 이 가게만큼은 언제나 긴 줄을 서야 하기 때문에, 미리 스케줄을 여유롭게 짜서 방문하자.

✗ 극상 돼지갈비 철판 미소카츠 정식 2,000엔, 로스 미소카츠 정식 1,310엔 🚶 JR 나고야역 메이테츠 백화점 9층
♥ 愛知県名古屋市中村区名駅1丁目2-1 名鉄百貨店本館 9F
⏰ 11:00~22:00(L.O. 21:00) 📞 +81-50-5494-5369
🏠 www.yabaton.com/modules/shop/index.php?content_id=4
🔍 야바톤 나고야역 메이테츠점

장어 전문점의 품격 ······ ⑥
히츠마부시 우야 메이에키점 ひつまぶし う家 名駅店

'나고야류'라는 토속적인 방법으로 장어를 굽기 때문에 나고야의 히츠마부시 전
문점 중에서도 팬이 많은 맛집. 언제나 예약과 대기 줄이 넘쳐나기 때문에 예약
하지 않았다면 영업 시작 시간에 맞춰가는 것이 좋다. '겉바속촉' 장어구이와 갓
지어서 야들야들한 밥알이 고유의 소스와 어우러져 환상적인 맛을 자랑한다.

🍴 히츠마부시 3,740엔, 우야 히츠마부시 4,950엔, 특상 히츠마부시 6,930엔
🏃 JR 나고야역 사쿠라도리 출구에서 도보 4분 📍 愛知県名古屋市中村区名駅4丁目4-16
かに家ビル 🕐 11:30~15:00(L.O. 14:00), 17:00~21:30(L.O. 20:30) 📞 +81-52-
581-1111 🏠 www.hitsumabushiuya.com 🔎 히츠마부시 우야 메이에키점

맥주를 끝없이 부르는 맛 ······ ⑦
세카이노 야마짱 나고야에키히가시점 世界の山ちゃん 名古屋駅東店

나고야 곳곳에 자리한 테바사키 전문 이자카야, '세카이노 야마짱' 나고
야역 동쪽 지점. 대표 메뉴인 '마보로시노 테바사키(환상의 테바사키)'
는 짭짤하면서도 묘한 뒷맛으로 맥주와 함께 즐기기에 더할 나위 없
이 좋다. 주말을 제외하면 평일 저녁에는 언제나 대기 줄이 늘어설 정
도로 붐비지만, 매장이 넓은 덕분에 회전율은 좋은 편. 테이크아웃도 가
능하다. 테바사키 외에도 다양한 술과 어울리는 여러 메뉴를 갖추어 즐거운
시간을 만끽할 수 있다. 메뉴판에 영어가 병기되어 있다.

🍴 마보로시노 테바사키(환상의 테바사키) 5조각 550엔, 히덴노 쿠로 테바사키(비전의 검
은 테바사키) 2조각 350엔 🏃 JR 나고야역 사쿠라도리 출구에서 도보 6분 📍 愛知県名古
屋市中村区名駅4丁目16-27 🕐 월~토 17:00~24:15(L.O. 23:30), 일 17:00~23:15(L.O.
22:30) ❌ 공휴일 📞 +81-52-561-2871 🏠 www.yamachan.co.jp/shop/aichi/
nagoyaekihigashi.php 🔎 세카이노 야마짱 나고야에키히가시점

오구라 토스트 로컬 맛집 ⑧

카코 커피 하우스
야나기바시점

KAKO Coffee House 柳橋店

나고야를 상징하는 메뉴 중 하나인 '오구라 토스트'를 맛볼 수 있는 로컬 맛집. 평일 출근 시간마다 긴 줄이 늘어서는 것을 볼 수 있다. '긴토키'라고 이름 붙인 오구라 토스트는 수제 통팥을 사용해 다소 텁텁하지만 깊은 맛을 즐길 수 있다. 부정기 휴무가 있고 단축 영업을 할 때도 있으니 방문 전 홈페이지(인스타그램)를 확인하는 것이 좋으며, 모닝 메뉴를 먹고 싶다면 평일보다는 주말이 더 한산하니 참고하자.

🍴 긴토키 오구라 토스트 250엔+음료(모닝 한정), 아이스커피 600엔, 홍차 600엔~
🚶 JR 나고야역 사쿠라도리 출구에서 도보 11분 📍 愛知県名古屋市中村区名駅5丁目 30-4 🕐 07:00~17:00(모닝 메뉴 07:00~11:00) ❌ 목 📞 +81-52-583-8839
🏠 www.instagram.com/kako_yanagibashi 📍 KAKO Coffeehouse

'나고야 모닝'을 즐겨보자 ⑨

코메다 커피 나야바시점 コメダ珈琲店 納屋橋店

'나고야 모닝(오구라 토스트+커피)' 원조로 출발해 이제는 전국적으로 유명한 카페가 된 코메다 커피의 나고야역 동쪽 지점. 아침마다 사람들로 붐비는 다른 코메다 커피 지점에 비해 상대적으로 여유롭게 식사를 할 수 있다. 묵고 있는 숙소가 나고야역 동쪽이라면 꼭 들러서 '코메다 모닝'을 맛보길 추천한다.

🍴 코메다 모닝(07:00~11:00 한정) 오구라 토스트+음료값, 카페오레 480엔~, 실로노아르 670엔~, 믹스 샌드위치 670엔~ 🚶 JR 나고야역 사쿠라도리 출구에서 도보 11분 📍 愛知県名古屋市中村区名駅5丁目 38-5 名駅D-1ビル 🕐 07:00~22:00 📞 +81-52-526-5321
🏠 www.komeda.co.jp/shop/detail.html?id=1118
📍 Komeda's Coffee Nayabashi

인기 만점 가게를 대기 없이 즐겨보자 ⑩

하브스 다이나고야 빌딩점
HARBS 大名古屋ビルヂング店

케이크와 홍차를 즐길 수 있는 하브스 브랜드의 다이나고야 빌딩점. 평일과 주말 가릴 것 없이 언제나 많은 사람으로 붐비는 나고야 시내의 다른 하브스 매장과 달리, 상대적으로 조용한 분위기다. 평일 오후에는 거의 대기 줄 없이 앉을 수 있을 정도. 시즌별로 케이크가 바뀌고, 매진되는 경우가 많으니 눈여겨본 케이크가 있다면 서두르는 게 좋다.

✕ 케이크 1조각 880엔~, 홍차 880엔~, 허브티 900엔~
🚶 JR 나고야역 사쿠라도리 출구에서 도보 2분, 다이나고야 빌딩 2층 📍 愛知県名古屋市中村区名駅 3 丁目28-12 大名古屋ビルヂング 2F ⏰ 11:00~20:00(L.O. 19:30)
📞 +81-52-589-8271 🏠 www.harbs.co.jp/shop_tokai 📍 HARBS Dai Nagoya Building

아이치현
말차 디저트의 세계 ⑪
사이조엔 말차 카페 노리타케신마치점
西条園 抹茶カフェ 則武新町店

일본에서 최고의 말차 산지 중 하나로 인정받는 아이치현 니시오시의 말차만 사용하는 디저트 카페. 일본의 다른 도시에서 많이 접했을, 떫고 당도가 낮은 교토식 말차 디저트와는 조금 다른 말차를 경험할 수 있다. 테이크아웃 전문점이지만 가게 바로 앞에 이온몰 공용 공간이 있어 편안하게 앉아서 먹을 수 있다.

✕ 말차 소프트 600엔, 사이조엔 그린티 590엔, 사이조엔 특제 말차 바스크 치즈 케이크 490엔~ 🚶 이온몰 노리타케 가든점 1층 📍 愛知県名古屋市西区則武新町 3 丁目1-17 1F ⏰ 10:00~21:00 📞 +81-70-1485-0744 🏠 saijoen.jp/shop/cafe_nagoya04
📍 Saijoen Matchakafe Noritakeshinmachiten

나고야 제일의 번화가

사카에 栄

#세련된나고야 #지갑조심다이어트조심
#걷기편한신발필수

나고야역이 '바쁜 나고야'를 상징한다면, 사카에는 '즐기는 나고야'를
상징한다. 도심 한가운데로 시원스레 쭉 뻗은 히사야오도리
공원을 따라 수많은 쇼핑몰과 맛집이 곳곳에서 여행자를 유혹한다.
하루 종일 쇼핑 삼매경에 빠져도, 맛집 투어를 다녀도 좋다.
근사한 커피숍과 공원에서 일상의 피로를 한가로이
덜어내는 것도 좋다. 화려한 번화가 사이로 나 있는 작은 골목에
숨겨진 가게를 탐방해도 좋다. 사카에는 그렇게 자기만의 방식으로
즐길 수 있는 곳이다.

사카에
추천 코스

사카에의 주요 스폿은 남북으로 길게 뻗은 히사야오도리 공원 주변에 모여 있다. 가고자 하는 곳을 중심으로 가장 북쪽 히사야오도리역(메이조선, 사쿠라도리선), 중앙 사카에역(메이조선, 히가시야마선), 남쪽 야바초역(메이조선)을 머릿속에 넣고 동선을 짜면 좋다.

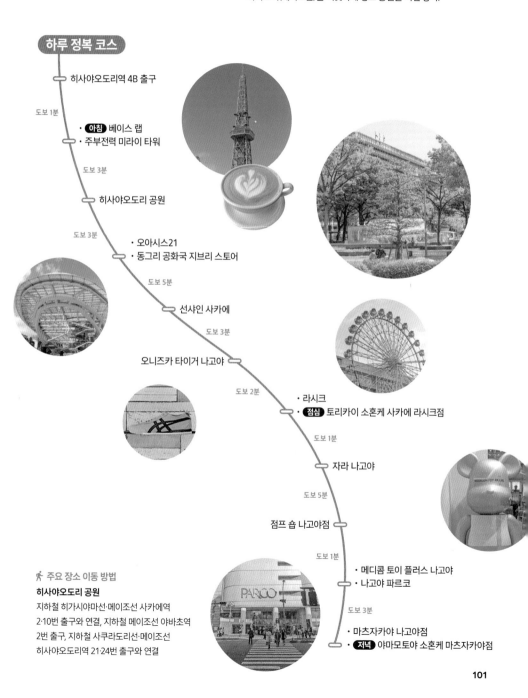

하루 정복 코스

히사야오도리역 4B 출구

도보 1분

- **아침** 베이스 랩
- 주부전력 미라이 타워

도보 3분

히사야오도리 공원

도보 3분

- 오아시스21
- 동그리 공화국 지브리 스토어

도보 5분

선샤인 사카에

도보 3분

오니즈카 타이거 나고야

도보 2분

- 라시크
- **점심** 토리카이 소혼케 사카에 라시크점

도보 1분

자라 나고야

도보 5분

점프 숍 나고야점

도보 1분

- 메디콤 토이 플러스 나고야
- 나고야 파르코

도보 3분

- 마츠자카야 나고야점
- **저녁** 야마모토야 소혼케 마츠자카야점

🚶 **주요 장소 이동 방법**
히사야오도리 공원
지하철 히가시야마선·메이조선 사카에역 2·10번 출구와 연결, 지하철 메이조선 야바초역 2번 출구, 지하철 사쿠라도리선·메이조선 히사야오도리역 21·24번 출구와 연결

사카에
상세 지도

야마모토야 소혼케 본점 •

히츠마부시 하나오카 •
야바톤 사카에 센트라이즈점

• 미센 야바점

• 야바톤 야바초 본점   • 숯불구이 장어·카시와 토가와사카에점

오니즈카 타이거 나고야 07

점프 숍 나고야점 01   자라 나고야 02

마츠자카야 나고야점 08
메디콤 토이 플러스 나고야 04   야마모토야 소혼케 01   시라카와   라시크 06   오츠 거리
나고야 파르코 03   마츠자카야점   사카에가스   토리카이 소혼케 03
                  텐무스 센주 마츠자카야점 02   빌딩점   사카에 라시크점
                  야바톤 사카에 마츠자카야점   히츠마부시 나고야 빈초 라시크점 •
                  아츠타 호라이켄 마츠자카야점   야바톤 라시크점 •

코메다 커피 야바초점 •
            4   5   6

야바초
矢場町
          2

    3   1

                세카이노 야마짱 사카에점 •

          부헤이 거리

      숯불구이 히츠마부시우나기 무나기 •

                세카이노 야마짱 본점

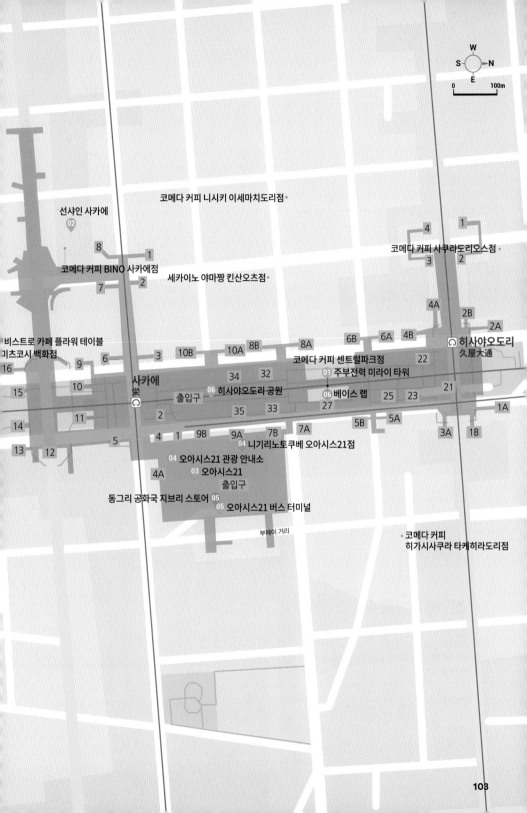

선샤인 사카에
02

코메다 커피 니시키 이세마치도리점

8
1
코메다 커피 BINO 사카에점
세카이노 야마짱 킨산오츠점
7
2

1
코메다 커피 사쿠라도리오스점
3

4A
2B
2A

비스트로 카페 플라워 테이블
기츠코시 백화점
16
6B
6A
4B
히사야오도리
久屋大通
6
10B
10A
8B
8A
코메다 커피 센트럴파크점
22
9
3
15
34
32
주부전력 미라이 타워
01
10
11
2
35
33
27
베이스 랩
06
25
23
21
14
사카에
栄
출입구
06 히사야오도리 공원
5
4
1
9B
9A
7B
7A
5B
5A
1A
13
12
04 니기리노토쿠베 오아시스21점
3A
1B

오아시스21 관광 안내소
04
03 오아시스21
4A
출입구

동그리 공화국 지브리 스토어 05
05 오아시스21 버스 터미널

부헤이 거리

코메다 커피
히가시사쿠라 타케히라도리점

103

나고야의 오랜 상징 ······ ①

주부전력 미라이 타워

中部電力 MIRAI TOWER

이전까지 '나고야 TV 타워'로 불리던 나고야의 오랜 명물.
1954년에 완공된 이래 지금까지 나고야의 상징처럼 여겨
진다. 180m의 높이를 자랑하며, 일본 최초의 집약 전파
철탑으로, 국가유형 문화재로 등록되었다. 1989년 세계
디자인 박람회를 맞이해 시작한 자체 라이트업은 개량을
거듭해, 지금은 일본 야경 유산으로 선정될 만큼 아름답
다. 비록 나고야 No.1 전망대로서의 명성은 미들랜드 스
퀘어의 스카이 프롬나드에 넘겨줬지만, 시원하게 쭉 뻗은
히사야오도리 공원과 오아시스21이 어우러진 풍경은 여
전히 이곳에서 보는 게 제일 아름답다.

🚶 지하철 히가시야마선·메이조선 사카에역 3·4번 출구에서
도보 3분, 지하철 사쿠라도리선·메이조선 히사야오도리역
4B 출구에서 도보 1분 📍 愛知県名古屋市中区錦3丁目6-15
🕐 평일·일 10:00~21:00(입장 마감 20:40),
토 10:00~21:40(입장 마감 21:20) ¥ 일반 1,300엔,
초중생 800엔 📞 +81-52-971-8546
🏠 www.nagoya-tv-tower.co.jp
🔍 중부전력 미라이 타워

주부전력 미라이 타워를 가장 예쁘게 찍는 방법은 사카에역 교
차로(사카에역 3~6번 출구)의 건널목에 보행자 신호가 들어왔
을 때다. 시간도 제법 넉넉한 편이므로 침착하게 파인더에 담아
보자.

선샤인 사카에 サンシャインサカエ

'스카이보트'라 불리는 관람차가 달린 건물로, 사카에의
오랜 명물이다. 젊은이들과 학생들 사이에서 만남의 장소
로 통하며, 바로 건너편에 돈키호테 사카에점도 있어 사
시사철 북적인다. 스카이보트는 일몰 시간 이후에 타는
것을 추천. 사카에 지역의 아름다운 야경을 고즈넉하게
즐길 수 있다. 스카이보트의 경우 일본의 파친코 메이커
가 운영을 맡고 있어, 관람차를 타면 슬롯머신처럼 곤돌
라의 슬롯이 돌아가는 특이한 구조를 볼 수 있다. 참고로
2층 맥도날드 옆에는 'SKE48 극장'이 자리하는데, 관광
객 입장에서는 고개를 갸웃할 수 있지만, 아이치현을 거
점으로 삼는 일본 여성 아이돌 그룹인 'SKE48'이 정규 공
연을 하는 유명한 곳이다.

🚶 지하철 히가시야마선·메이조선 사카에역 8번 출구에서 바로
📍 愛知県名古屋市中区錦3丁目24-4 🕐 스카이보트 12:00~
22:00(최종 탑승 21:45) ￥ 600엔(3세 이하 무료)
📞 +81-52-310-2211 🏠 www.sunshine-sakae.jp
🔍 선샤인 사카에

오아시스21 オアシス21

'도심 속 우주선'이라는 콘셉트에 걸맞은 모습을 하고 있는 복합 건축물. '물의 우주선'이라 불리는 옥상은 바닥이 투명한 분수 공원으로 꾸몄으며, 녹지로 구성된 지상층은 '녹색 대지'로 불린다. 1층에는 버스 터미널이 있으며, '은하 광장'이라 불리는 지하에는 상점과 레스토랑이 자리한다. 지하철 사카에역과 메이테츠 사카에마치역과 연결되어 있어, 버스 센터와 함께 사카에 지역에서 시외로 이동할 때 중요한 거점이 된다.

🏃 지하철 히가시야마선·메이조선 사카에역 히가시東 개찰구에서 연결
📍 愛知県名古屋市東区東桜1丁目11-1 🕙 10:00~21:00 📞 +81-52-962-1011
🏠 www.sakaepark.co.jp/kr 🔍 오아시스21

오아시스21은 워낙 거대해서 사진 구도 안에 담기가 생각보다 어렵다. 가장 예쁘게 찍는 방법은 주부전력 미라이 타워에서 내려다보면서 찍는 것이고(특히 야경 때가 최고다), 올라갈 여유가 없다면 아이치현 미술관 쪽에서 찍으면 좋다.

각종 패스 구입은 이곳에서 ······ ④

오아시스21 관광 안내소

オアシス21 iセンター(観光案内所)

나고야 관광에 필요한 모든 것을 갖춘 곳. 메구루 버스 원데이 패스, 도니치에코 킷푸, 지하철 1일 승차권, 쇼류도 패스 등 거의 모든 티켓과 패스를 판매한다. 또 무료 와이파이와 물품 보관 서비스를 제공해 호텔 체크인 전후에 이용하면 매우 편리하다.

🚶 오아시스21 지하 1층 은하 광장
📍 知県名古屋市東区東桜1丁目11-1 オアシス 21 B1F
🕐 10:00~17:00(짐 찾기는 20:00까지)
💴 짐 보관 요금 중형 550엔, 대형 880엔
📞 +81-52-963-5252
🏠 www.nagoya-info.jp/ko/useful/guide
🔍 Oasis 21 icenter Tourist Information

사카에에서 시외로 나가는 거점 ······ ⑤

오아시스21 버스 터미널 栄オアシス21バスターミナル

시내버스와 나고야 철도 버스는 물론, JR 도카이 버스가 지나가는 버스 터미널. 한국 여행자라면 주부 센트레아 국제공항을 오가는 리무진 버스와 나가시마 스파 랜드를 방문할 때 들르게 된다. 나고야에서의 첫 숙박지를 사카에 지역으로 잡았다면 공항에서 무작정 메이테츠선을 타는 것보다는 리무진 버스를 이용해 이곳에 내리는 것을 더 추천한다.

🚶 오아시스21 1층
📍 愛知県名古屋市東区東桜1丁目11 1F
🕐 05:45~24:00(코인 로커 06:00~23:30)
🏠 www.sakaepark.co.jp/kr
🔍 Sakae Oasis 21 Bus Terminal

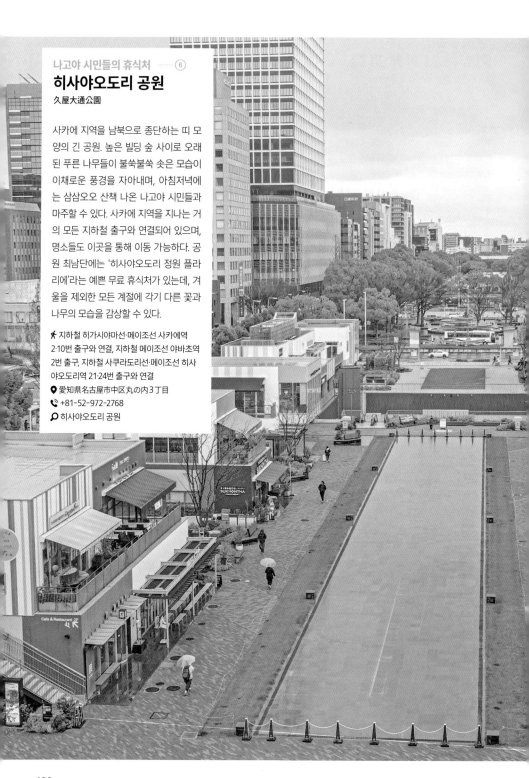

나고야 시민들의 휴식처 ──── ⑥

히사야오도리 공원

久屋大通公園

사카에 지역을 남북으로 종단하는 띠 모양의 긴 공원. 높은 빌딩 숲 사이로 오래된 푸른 나무들이 불쑥불쑥 솟은 모습이 이채로운 풍경을 자아내며, 아침저녁에는 삼삼오오 산책 나온 나고야 시민들과 마주할 수 있다. 사카에 지역을 지나는 거의 모든 지하철 출구와 연결되어 있으며, 명소들도 이곳을 통해 이동 가능하다. 공원 최남단에는 '히사야오도리 정원 플라리에'라는 예쁜 무료 휴식처가 있는데, 겨울을 제외한 모든 계절에 각기 다른 꽃과 나무의 모습을 감상할 수 있다.

🚶 지하철 히가시야마선·메이조선 사카에역 2·10번 출구와 연결, 지하철 메이조선 야바초역 2번 출구, 지하철 사쿠라도리선·메이조선 히사야오도리역 21·24번 출구와 연결

📍 愛知県名古屋市中区丸の内3丁目

📞 +81-52-972-2768

🔍 히사야오도리 공원

〈원피스〉와 〈주술회전〉,
그리고 〈드래곤볼〉 팬이라면 ······ ①
점프 숍 나고야점 JUMP SHOP 名古屋店

한국에서도 유명한 〈소년 점프〉 연재작과 관련된 상품을 파는 〈소년 점프〉 공식 숍. 일본 전국을 통틀어도 전국에 17개밖에 없기 때문에, 〈원피스〉와 〈주술회전〉, 〈드래곤볼〉, 〈하이큐〉 등 〈소년 점프〉 인기작 팬이라면 꼭 들러보자. '최애' 캐릭터의 수많은 실물 크기 피겨와 다양한 캐릭터 상품이 당신을 기다린다. 국내에서는 구하기 힘든 것들이 대부분이므로, 살까 말까 망설여진다면 무조건 사는 것을 추천한다. 귀국 후 후회하는 경우가 대부분이기 때문.

🏃 지하철 메이조선 야바초역 5번 출구에서 도보 4분
📍 愛知県名古屋市中区栄 3 丁目28-11 名古屋ZERO GATE
1F ⏰ 10:00~21:00 📞 +81-52-265-8211
🏠 benelic.com/jumpshop
📍 Jump Shop Nagoya

스페인보다 빠르게 만나보는 신상 ······ ②
자라 나고야 ZARA 名古屋店

한국에서도 유명한 스페인 의류 브랜드, 자라의 나고야 매장. 매주 2회 스페인에서 신상품이 직송으로 도착하기 때문에 한국에 없는 제품이 많으므로 넓은 매장에서 이것저것 찾아보는 재미가 쏠쏠하다. 갈아입을 수 있는 공간도 널찍하니, 둘러보다 마음에 드는 게 있으면 망설이지 말고 입어보자. 따로 면세가 되진 않지만 환율 덕분에 국내보다 저렴한 경우가 많다.

🏃 지하철 히가시야마선·메이조선 사카에역
사카에치카 7번 출구에서 도보 4분
📍 愛知県名古屋市中区栄 3 丁目7-20
⏰ 10:30~21:30 📞 +81-120-257-100
📍 Zara Nagoya Sakae

편집숍의 천국 .... ③
나고야 파르코 名古屋 PARCO

사카에 백화점 중 가장 젊은 감각의 옷을 만날 수 있는 곳. 콘셉트가 독특한 편집숍이 특히 많으며, 베어브릭 피겨나 중고 니트 전문점 등 유니크한 아이템을 다룬다. 한국에서 '먼작귀'라고 불리는 캐릭터 '치이카와'를 전문으로 취급하는 '치이카와랜드'도 있으며, 캐릭터 상품 전문 편집숍 '빌리지 뱅가드'도 당신의 지갑을 유혹한다.

🏃 지하철 메이조선 야바초역 지하 통로와 연결
📍 愛知県名古屋市中区栄3丁目29-1
🕐 10:00~21:00(레스토랑 11:00~22:30) 📞 +81-52-264-8111
🏠 nagoya.parco.jp 🔎 나고야 PARCO

본격 '어른이'들의 공간 .... ④
메디콤 토이 플러스 나고야
MEDICOM TOY PLUS NAGOYA

어른들을 위한 장난감 편집숍 브랜드 메디콤 토이 플러스의 본사 직영 매장. 2022년 4월에 문을 연 매장인 만큼, 세련된 인테리어와 다양한 상품을 갖추고 있다. 높이가 70cm에 달하는 메디콤 토이 플러스 한정 베어브릭이나 일본의 유명 가구 메이커와 컬래버레이션해 선보인 목재 베어브릭 등 다양한 한정 아이템을 취급하므로 구경하는 것만으로도 눈이 즐겁다.

🏃 나고야 파르코 서관 1층 📍 愛知県名古屋市中区栄3丁目29-1 名古屋パルコ西館 1F 🕐 10:00~21:00 📞 +81-52-228-0287
🏠 www.medicomtoy.co.jp/official_shop
🔎 Medicom Toy Plus Nagoya

지브리의 세계 속으로 .... ⑤
동그리 공화국 지브리 스토어 ジブリがいっぱい どんぐり共和国 栄公園店

〈이웃집 토토로〉, 〈마녀 배달부 키키〉, 〈센과 치히로의 행방불명〉 등 한국인에게도 친숙한 지브리 작품들의 캐릭터 상품을 판매하는 곳. 거대 토토로 봉제 인형의 환영을 받으며 상점 안으로 들어선 순간, 감명 깊게 봤던 작품들의 공식 상품이 손짓하는 듯한 착각에 빠진다. 소중한 이를 위한 선물로도 좋지만, 이번만큼은 나에게 주는 선물을 사보면 어떨까?

🏃 오아시스21 지하 1층 은하 광장 📍 愛知県名古屋市東区東桜1丁目11-1 B1F 🕐 10:00~21:00 📞 +81-52-957-7011
🏠 www.sakaepark.co.jp/shops/183
🔎 Donguri Kyowakoku (Ghibli Store) Sakae

쇼핑과 식사
모두를 만족시키는 곳 ⑥

라시크 ラシック

미츠코시 백화점에서 론칭한 젊은 감각의 세련된 쇼핑몰. 8개 층에 걸쳐 중·고 가격대 브랜드 숍과 편집숍이 입점해 있다. 특히 한국에서 인기 많은 꼼데가르송이 1층에 위치하니 팬이라면 놓치지 말자. 7층과 8층에는 엄선된 유명 레스토랑이 있는데, 런치 시간에 맞춰서 가면 뛰어난 가성비로 양과 질 모두를 만족시키는 요리를 맛볼 수 있다.

🚶 지하철 히가시야마선·메이조선 사카에역 16번 출구에서 도보 3분, 미츠코시 나고야 사카에와 연결 📍 愛知県名古屋市中区栄3丁目6-1 🕐 11:00~21:00 📞 +81-52-259-6666 🏠 www.lachic.jp/nagoya.html 🔍 라시크

한국보다 싼 가격으로 득템 ⑦
오니즈카 타이거 나고야
オニツカタイガー 名古屋

한국에서도 인기 많은 브랜드, 오니즈카 타이거의 나고야점. 한국 매장에 비해 훨씬 저렴한 가격대를 자랑하며, 환율 차이까지 있을 땐 신상임에도 아웃렛 저리 가라 할 정도의 가격 차이를 보인다. 원래 일본 브랜드이기 때문에 신상을 더 빨리, 더 많이 갖춰놓는 것은 기본. 점원들도 친절해서 원하는 모델을 가리키며 사이즈를 말하면 신속하게 대응해 준다. 면세도 가능하니 여권을 챙겨 가자.

🚶 지하철 히가시야마선·메이조선 사카에역 사카에치카 7번 출구에서 도보 2분 📍 愛知県名古屋市中区栄3丁目4-5 SAKAE NOVA 1 🕐 10:00~20:00 📞 +81-52-261-6631 🔍 Onizuka Tiger Nagoya

쇼핑 천국
사카에의 터줏대감 ······ ⑧
마츠자카야 나고야점
松坂屋 名古屋店

일본의 유명 백화점 체인, 마츠자카야의 나고야 지점. 언뜻 보기엔 사카에의 다른 백화점과 쇼핑몰에 비해 외관과 인테리어가 다소 올드하게 느껴지겠지만, 이곳의 진가는 본관 5층에 있다. 바로 포켓몬 센터와 디즈니 스토어, 산리오 스토어 등이 입점해 있기 때문. 또 지하 식품관은 가성비 좋은 먹을거리와 도시락, 간식 등을 파는 매장이 많아 이곳만 둘러보는 데도 몇 시간이 훌쩍 갈 정도다.

🚶 지하철 메이조선 야바초역 지하 통로와 연결, 지하철 히가시야마선·메이조선 사카에역 16번 출구에서 도보 5분 📍 愛知県名古屋市中区栄3丁目16-1 🕐 3층 이하 10:00~20:00, 4층 이상 10:00~19:00, 레스토랑 11:00~22:00 📞 +81-50-1782-7000 🏠 www.matsuzakaya.co.jp/nagoya 🔎 마츠자카야백화점 나고야점

마츠자카야 나고야점의 레스토랑가는 수많은 맛집을 갖춘 명소이기 때문에, 쇼핑과 식사를 포함하도록 동선을 짜면 좋다. 3개의 건물이 연결 통로로 이어져 있기 때문에 체력 안배도 미리 생각해두자.

야마모토야 소혼케 마츠자카야점 山本屋総本家 松坂屋店

창업 90년이 넘은 미소니코미 우동의 원조, 야마모토야 소혼케의 마츠자카야 백화점 지점. 일본에서는 '신칸센을 타고 지나가다 오로지 야마모토야 소혼케의 미소니코미 우동을 먹기 위해 나고야에서 잠시 내린다'라는 말이 있을 정도로 인기가 많은 식당이다. 사카에 본점과 나고야역 지점(게이트 타워, 메이테츠 백화점)은 언제나 엄청난 인파로 붐비지만, 마츠자카야점은 시간대를 잘 선택하면 대기 없이 여유롭게 식사할 수 있다.

✕ 미소니코미 우동 1,265엔, 닭고기와 달걀 미소니코미 우동 1,760엔
🚶 마츠자카야 나고야점 본관 9층 ⬤愛知県名古屋市中区栄3丁目16-1 9F
🕐 월~금 11:00~14:30·16:00~20:00, 주말 & 공휴일 11:00~20:00
📞 +81-52-264-7798 🏠 yamamotoya.co.jp
📍 Yamamotoya Sohonke Matsuzakaya Branch

텐무스 센주 마츠자카야점 天むす 千寿 天むす茶屋 松坂屋店

나고야의 유명 먹거리 중 하나인 텐무스(새우튀김 주먹밥)를 차와 함께 즐길 수 있는 곳. 테이크아웃 전문점처럼 보이지만 노렌(차양) 안으로 들어가면 숨겨진 공간이 있고, 그곳에서 차와 미소시루 등을 함께 주문할 수 있다(테이크아웃은 텐무스만 가능). 그날그날 새로 들여온 재료만 사용해 일정 시간마다 만들기 때문에 언제나 바삭한 텐무스를 즐길 수 있다.

✕ 텐무스 5개 990엔, 1개 154엔
🚶 마츠자카야 나고야점 본관 지하 1층
📍 知県名古屋市中区栄3丁目16-1 松坂屋 名古屋店 本館 B1F
🕐 10:00~20:00(점내 취식은 18:00까지, L.O. 17:30)
📞 +81-52-264-3896 📍 텐무스 센주 마츠자카야점

나고야 코친으로 만든 오야코동은
얼마나 다를까? ······ ③
토리카이 소혼케
사카에 라시크점
鳥開総本家 栄ラシック店

나고야 코친을 전문적으로 다루는 닭 요리 전문 레스토랑, 토리카이 소혼케의 라시크 지점. 반쯤 익힌 달걀에 닭고기를 섞어 밥 위에 얹은 덮밥을 일본어로 '오야코동'이라 부르는데, 토리카이 소혼케는 바로 이 오야코동을 나고야 코친으로 만든다(달걀 역시 나고야 코친 달걀이다).
직접 먹어보면 일반 오야코동과는 확실히 다르다는

것을 느낄 수 있는데, 육수에서 감칠맛이 느껴지고 육질이 훨씬 쫄깃하다. 메뉴판에서 '나고야 코친名古屋コーチン'이라고 표시된 것 외에는 일반 닭을 사용한 메뉴이니 참고하자. 나고야 코친 달걀을 사용한 푸딩도 판매하는데, 식사 후 디저트로 일품이다.

✕ 특제 나고야 코친 오야코동 1,980엔, 나고야 코친 오야코동 1,690엔 🏃 라시크 7층
📍 愛知県名古屋市中区栄3丁目6-1 ラシック 7F ⏰ 11:00~22:00 📞 +81-52-259-
6101 🏠 www.tori-kai.com/shop/lachic.html 🔍 토리카이소혼케

사카에 최고의 가성비 회전 초밥 ······ ④
니기리노토쿠베 오아시스21점 にぎりの徳兵衛 オアシス21店

나고야에서 의외로 찾기 힘든 음식점이 있다면, 바로 회전 초밥집. 니기리노토쿠베는 그 갈증을 완벽하게 해소해 준다. 브레이크 타임이 없기 때문에 한가한 시간대에 찾아 여유 있게 식사할 수 있다(반대로 식사 시간에는 엄청난 대기 줄이 늘어선다). 테이크아웃도 가능하며, 매장을 이용하지 않고 테이크아웃만 한다면 10시부터도 주문이 가능하다.

✕ 연어초밥 290엔, 오징어 초밥 290엔, 참치 붉은 살 390엔
🏃 오아시스21 지하 1층 은하 광장 📍 愛知県東区東桜1丁目11-1
B1F ⏰ 월~금 10:45~22:00(입장 마감 21:30, L.O. 21:45),
주말 & 공휴일 10:30~22:00(입장 마감 21:30, L.O. 21:45)
📞 +81-52-963-6656 🏠 www.nigirinotokubei.com/
shop/903 🔍 니기리노토쿠베 오아시스21점

화려한 디저트의 세계 ⋯⋯⑤
비스트로 카페
플라워 테이블
BISTRO CAFE THE FLOWER TABLE

사카에 미츠코시 백화점 3층에 자리한 디저트 전문 카페. 상호에 걸맞게 모든 음식이 계절과 꽃을 연상시키는 화사한 콘셉트로 꾸며져 있다. 가장 인기 있는 메뉴는 계절별로 다른 메뉴로 구성되는 화려한 애프터눈 티. 음식이 나오자마자 다들 사진부터 찍느라 바쁠 정도로 압도적인 볼륨과 미감을 자랑한다. 주말이나 공휴일에는 시간대와 상관없이 언제나 대기 줄이 있으므로 가급적 평일에 방문하자.

🍴 애프터눈 티 플레이트 3,801엔, 시즈널 파르페 1,801엔, 하우스 소다 901엔, 푸딩 651엔
🚶 사카에 미츠코시 백화점 3층(지하철 히가시야마선·메이조선 사카에역 16번 출구에서 도보 1분 또는 지하 통로 연결) 📍 愛知県名古屋市中区栄3丁目5-1 名古屋栄三越 3F
🕐 10:00~20:00(L.O. 19:30) 📞 +81-52-252-1525 🏠 www.transit-web.com/content/shops/bistro_cafe_the_flower_table 🔍 Bistro Cafe The Flower Table

히사야오도리 공원을 내려다보며
즐기는 커피 한잔 ⋯⋯⑥

베이스 랩 base lab. Nagoya TV

주부전력 미라이 타워 3층에 자리한 세련된 커피숍. 일본에서는 찾기 힘든, 아메리카노와 에스프레소, 드립 커피를 모두 판매한다. 창가 자리에 앉으면 히사야오도리 공원 중심부가 내려다보이는데, 커피 맛이 절로 좋아질 정도로 멋진 경관을 자랑한다. 미라이 타워 공식 상품을 판매하는 숍과도 인접해 구경하는 재미가 쏠쏠하다.

🍴 아메리카노 470엔, 베이스 랩 아이스 밀크 커피 630엔, 핫 진저 트위스트 500엔 🚶 주부전력 미라이 타워 3층 📍 愛知県名古屋市中区錦3丁目 6-15 名古屋テレビ塔 3F 🕐 10:00~20:00 📞 +81-52-961-5750
🏠 baselab.jp 🔍 base lab

나고야 메시
맛집 리스트

미소카츠, 히츠마부시, 테바사키,
오구라 토스트 등 나고야에서 태어난
음식을 '나고야 메시'라고 부른다.
나고야 최대의 번화가인 사카에에는
나고야 메시 식당이 매우 많은데,
만일 가고자 하는 가게가 휴일이거나
대기가 너무 많다면, 포기하지 말고
리스트를 참고해 다른 곳에
도전해 보자.

히츠마부시

ⓐ **히츠마부시 하나오카** ひつまぶし花岡
  🔍 히츠마부시 하나오카

ⓑ **숯불구이 장어·카시와 토가와사카에점** 炭焼き うなぎ·かしわ 登河栄店
  🔍 Charcoal-grilled eel Togawa Sakae

ⓒ **히츠마부시 나고야 빈초 라시크점** ひつまぶし 名古屋 備長 ラシック店
  🔍 히쓰마부시 빈초 라시크점

ⓓ **시라카와 사카에가스 빌딩점** しら河 栄ガスビル店
  🔍 시라카와 사카에 가스빌딩점

ⓔ **아츠타 호라이켄 마츠자카야점** あつた蓬莱軒 松坂屋店
  🔍 아츠타 호라이켄 마츠자카야점

ⓕ **숯불구이 히츠마부시우나기 무나기** 炭焼ひつまぶし鰻 むなぎ
  🔍 무나기 히츠마부시

미소카츠

ⓖ **야바톤 라시크점** 矢場とん ラシック店
  🔍 야바톤 라시크점

ⓗ **야바톤 사카에 마츠자카야점** 矢場とん 栄 松坂屋店
  🔍 야바톤 사카에 마츠자카야

ⓘ **야바톤 사카에 센트라이즈점** 矢場とん栄 セントライズ店
  🔍 야바톤 사카에 센트라이즈점

ⓙ **야바톤 야바초 본점** 矢場とん矢場町本店
  🔍 야바톤 야바초 본점

오구라 토스트

ⓚ **코메다 커피 사쿠라도리오스점** コメダ珈琲店 桜通大津店
  🔍 코메다 커피 사쿠라도리오츠점

ⓛ **코메다 커피 히가시사쿠라 타케히라도리점** コメダ珈琲店 東桜武平通店
  🔍 Komeda Coffee Nagoya Higashisakura

ⓜ **코메다 커피 센트럴파크점** コメダ珈琲店 セントラルパーク店
  🔍 Komeda Coffee Central Park

ⓝ **코메다 커피 니시키 이세마치도리점** コメダ珈琲店 錦伊勢町通店
  🔍 코메다커피 니시키 이세마치도리점

ⓞ **코메다 커피 BINO 사카에점** コメダ珈琲店 BINO栄店
  🔍 Komeda Coffee Bino Sakae

ⓟ **코메다 커피 야바초점** コメダ珈琲店 矢場町店
  🔍 코메다 커피 야바초점(※주소에서 8-31-3을 확인!)

테바사키

ⓠ **세카이노 야마짱 킨산오츠점** 世界の山ちゃん 錦三大津店
  🔍 세카이노야마짱 니시키산 오츠점

ⓡ **세카이노 야마짱 본점** 世界の山ちゃん 本店
  🔍 세카이노 야마짱 혼텐

ⓢ **세카이노 야마짱 사카에점** 世界の山ちゃん 栄店
  🔍 세카이노 야마짱 사카에점

미소니코미 우동

ⓣ **야마모토야 소혼케 본점** 山本屋総本家 本家
  🔍 야마모토야 소혼케

타이완 라멘

ⓤ **미센 야바점** 味仙 矢場店
  🔍 미센 야바점

AREA ····③

진짜 나고야가 살아 숨 쉬는 곳

오스 大須

#10초마다멈추는발걸음 #전세대의놀이터
#전세계의놀이터

에도 시대부터 번영한, 수백 년 역사를 자랑하는 오스 상점가는
나고야 시민들의 자랑이자 놀이터다. 메인 스트리트는 관광객들과
젊은이들로 북적이고, 그 사이사이 자리한 품격 있는 식당과
카페에는 백발이 성성한 노인들이 조용한 시간을 보낸다.
아침에만 문을 여는 식료품점에는 장 보러 온 이로 북적이고,
저녁이 되면 골목의 이자카야가 불을 밝히며, 가라오케 앞에는
젊은이들이 삼삼오오 모여 떠들썩한 웃음소리가 거리를 채운다.
하루 종일 에너지로 넘쳐나는 곳, 바로 오스다.

오스
추천 코스

오스는 넓은 듯 좁은 듯 묘한 곳이다. 계획 없이 발걸음 닿는 대로 돌아다니다 보면 어느새 반나절이 훌쩍 지나 있고, 원하는 스폿만 골라서 방문한다면 두어시간 만에도 관광을 끝낼 수 있다. 이곳의 매력은 유명한 곳보다 여기저기 숨어 있는 가게를 발견하는 재미에서 비롯되므로 가급적 느긋한 마음으로 즐겨보자.

반나절 추천 코스

○ 오스칸논

도보 4분

○ 고메효 나고야 본점

도보 3분

○ 리큐어 오프 오스반쇼지도리점

도보 1분

간식 콘파루 오스 본점 ○

도보 1분

○ 타이토 스테이션 오스점

도보 1분

○ 슈퍼 포테이토 나고야점

🚶 **주요 장소 이동 방법**
· **오스칸논** 지하철 츠루마이선 오스칸논역
　2번 출구에서 도보 1분

오스 상세 지도

오스칸논 大須観音

아카몬 거리

지 스토어 나고야　05　04　슈퍼 포테이토 나고야점

만다라케 나고야점　03

텐무스 센주 오스 본점

혼마치 거리

타이토 스테이션 오스점　06

01　오스칸논

콘파루 오스 본점　03

02　고메효 나고야 본점

오스 거리

02　오스 상점가

반쇼지 거리

01　리큐어 오프 오스반쇼지도리점

02　칸논 커피 오스점

Subway-Meije-Line

12

오스 거리

8

9　10

2

카미마에즈 上前津

N W E S

0　50m

나고야 상인의 성지 …… ①

오스칸논 大須観音

본래 기후현 하시마시 오스 지구에 건립되었다가 도쿠가와 이에야스의 명으로 지금의 위치로 옮겨 새로 건립된 진언종 불교 사원. 본당에는 일본 3대 관음상 중 하나인 거대 관세음보살이 모셔져 있으며, 종루에서는 매일 아침 6시에 모든 이의 안녕과 번영을 비는 타종이 이루어진다. 불교 사원이지만 오랫동안 나고야 상인들의 성지처럼 여겨져왔으며, 실제로 담과 건물 등에는 많은 금액을 기부한 상인이나 상점가 연합의 이름이 빼곡하게 쓰여 있다. 어떤 신을 모셨는지 알아봐야 하는 신사가 아니라, 한국에서도 익숙한 불교 사원이기 때문에 스님의 축복을 담은 각종 부적을 사거나 길흉을 점치는 운세 쪽지, 오미쿠지를 뽑아보는 것도 좋다.

🚶 지하철 츠루마이선 오스칸논역 2번 출구에서 도보 1분 　📍 愛知県名古屋市中区大須2丁目21-47
🕐 06:00~19:00　¥ 무료　📞 +81-52-231-6525
🏠 www.osu-kannon.jp　📍 오스칸논

구석구석 숨어 있는
명소 찾기 ······ ②

오스 상점가 大須商店街

각종 의류 편집숍과 상점은 물론, 맛집과 즐길 거리가 가득한 상업 지구. 오스칸
논이 옮겨 온 이래 수백 년 동안 형성되어 지금의 형태를 이루었으며, 거리 대부
분이 지붕을 씌운 아케이드 형태여서 날씨와 상관없이 즐길 수 있다. 가성비 좋은
상점과 맛집이 많아 하나씩 찾아보는 재미가 쏠쏠하다. K-팝과 한류가 대세가 된
이후, K-팝 관련 스토어는 물론, 한국의 십원빵(일본에서는 십엔빵)이나 회오리
감자, 한국식 탕후루 가게가 죽 늘어선 모습이 이채롭다. 가장 붐비는 시간대는
주말 오후로, 이때는 전 세계에서 모여든 관광객들로 발 디딜 틈 없을 정도다.

🚶 오스칸논과 연결, 지하철 츠루마이선·메이조선 카미마에즈역 8번 출구에서 도보 2분
📍 愛知県名古屋市中区大須3丁目 🕐 가게별로 상이 📞 +82-52-261-2287 🔎 오스

술 면세 구매의 나고야 2대 제왕 ······ ①

리큐어 오프 오스반쇼지도리점

リカーオフ 大須万松寺通店

비쿠 카메라 나고야역 웨스트점과 함께 나고야의 술 면세 구매에서 양강 구도를 형성하는 리큐어 숍. 점포가 넓지 않은 편이지만 와인과 사케, 코냑, 위스키와 미니 보틀까지, 있어야 할 것들은 모두 갖춰놓았다. 이곳 역시 공항 면세점은 상대도 되지 않는 할인율을 자랑하기 때문에, 술 구매가 목적이라면 반드시 여권을 챙겨 가자.

🏃 오스칸논에서 도보 7분 📍 愛知県名古屋市中区大須3丁目29-31
🕐 10:00~20:00 📞 +81-52-249-8878
🏠 www.hardoff.co.jp 📍 Liquor Off Osu

이 안에 산삼 있다 ······ ②

고메효 나고야 본점 KOMEHYO 名古屋本店

빈티지 중고 명품 판매점인 고메효의 나고야 본점. 무려 7층에 달하는 매장이 에스컬레이터로 촘촘하게 연결되어 있다. 의류와 가방은 물론, 시계와 잡화까지 취급한다. 메이커별로 상세히 분류해놓아, 평소 명품에 대한 관심이 많거나 지식이 있다면 매우 편하게 구경할 수 있다. 잘만 고른다면 환율 차이까지 겹쳐 굉장히 싸게 득템할 수 있다. 내부는 모두 촬영 금지이니 주의하자.

🏃 오스칸논에서 도보 4분 📍 愛知県名古屋市中区大須3丁目25-31
🕐 10:30~19:00 📞 +81-52-242-0088
🏠 komehyo.jp/kaitori/shop/kc-nagoya-honkan
📍 Komehyo Nagoya Main Store Main Building

나고야에서 만나는 동인지 천국 ······ ③

만다라케 나고야점 まんだらけ 名古屋店

유명한 애니메이션이나 게임 등을 대상으로 만든 2차 창작물인 동인지를 전문적으로 취급하는 만다라케의 나고야 지점. 굳이 동인지를 모르더라도 각종 피겨나 캐릭터 상품, 희귀 게임 패키지, 한정판 트레이딩 카드 등을 구경하며 즐길 수 있다. K-팝이 대세가 된 이후로는 한국 아이돌 관련 상품도 심심치 않게 발견할 수 있다. 오픈 시간 늦은 것이 흠.

🏃 지하철 쓰루마이선·메이조선 카미마에즈역 8번 출구에서 도보 5분
📍 愛知県名古屋市中区大須3丁目18-21 🕐 12:00~20:00
📞 +81-52-261-0700 🏠 www.mandarake.co.jp/dir/ngy
📍 만다라케 나고야점

슈퍼 포테이토 나고야점 スーパーポテト 名古屋店

한국에서도 출시되었던 '슈퍼컴보이'나 '재믹스', '알라딘 보이', '3DO', '새턴', '플레이스테이션' 등 고전 게임기와 게임 소프트를 판매하는 곳. 어릴 적 가지고 있었거나 친구 집에서 해봤던 추억의 게임기와 게임 타이틀을 저렴한 가격에 구매할 수 있다. 떨이 제품은 단돈 100엔에 판매하기도 하므로, 이것저것 뒤져보며 그 시절 추억 속으로 여행을 떠나보자.

🚶 지하철 츠루마이선·메이조선 카미마에즈역 8번 출구에서 도보 5분
📍 愛知県名古屋市中区大須3丁目11-30　🕐 11:00~20:00
📞 +81-52-261-3005　🏠 www.superpotato.com/shop/nagoya
🔎 Super Potato-Nagoya Store

지 스토어 나고야 ジーストア 名古屋

애니메이트 나고야점, 만다라케 나고야점과 함께 나고야의 '덕후'를 책임지는 3대장. 1층에서는 만화와 게임, 트레이딩 카드 등을 판매하며 2층에서는 코스튬 플레이 물품과 캐릭터 의류를 비롯한 잡화를, 3층에서는 인형 의상을 판매한다. 최신 애니메이션 혹은 게임 전시회를 열거나 한정 공식 상품을 판매하기도 한다. 평소 일본 만화를 즐겨 본다면 신간 코너를 주목하자.

🚶 지하철 츠루마이선·메이조선 카미마에즈역 8번 출구에서 도보 5분
📍 愛知県名古屋市中区大須3丁目11-34　🕐 평일 11:00~20:00, 주말
& 공휴일 10:00~20:00　📞 +81-52-242-3181　🏠 www.geestore.
com/geenet/geestore/nagoya　🔎 Gee Store Nagoya

타이토 스테이션 오스점
タイトーステーション 大須店

귀여운 캐릭터 상품부터 아이돌, 게임, 일상 잡화, 곤충 등 별의별 희한한 주제의 다양한 뽑기 상품을 뽑을 수 있다. 가격은 100엔부터 1,000엔이 넘는 것까지 다양하며, 직장 동료나 친구 선물로 안성맞춤이다. 가장 추천하는 것은 '귀엽지만 정말 쓸데없는 물건' 뽑기!

🚶 지하철 츠루마이선·메이조선 카미마에즈역 8번 출구에서 도보 4분
📍 愛知県名古屋市中区大須3丁目20-7　🕐 월~목 10:00~23:30,
금 10:00~24:00, 토 09:00~24:00, 일 09:00~23:30
📞 +81-52-253-9015　🏠 www.taito.co.jp/store/00002035
🔎 Taito Station Osu Shop

나고야 텐무스의 정수 ……①

텐무스 센주 오스 본점 天むす 千寿 大須本店

나고야 명물인 텐무스를 만드는 가게. 1980년 창업한 전통 있는 곳으로, 이곳의 텐무스는 이세만산 김, 호쿠리쿠 코시히카리 쌀 등 양질의 재료로 만든다. 고슬고슬한 밥알과 바삭한 새우튀김이 입안에서 함께 터지는 식감이 특징이다. 가게 안에도 먹는 공간이 있지만 기본적으로는 테이크아웃 전문점임을 참고하자.

✖ 텐무스 1개/5개/10개 162엔/810엔/1,620엔
🚶 지하철 츠루마이선·메이조선 카미마에즈역 10번 출구에서 도보 3분
📍 愛知県名古屋市中区大須4丁目10-82 🕐 08:30~18:00 ❌ 화·수
📞 +81-52-262-0466 🏠 www.tenmusu-nagoya.com
🔍 텐무스 센쥬 오스본점

카페라테 맛집 ……②

칸논 커피 오스점 Kannon Coffee 大須店

오스 시장 초입에 자리한 인기 커피 전문점. 더운 계절에는 시원한 음료를, 추운 계절에는 따뜻한 음료를 즐기며 오스를 둘러볼 수 있다. 음료 메뉴에 120엔을 추가하면 이곳의 시그너처인 나고야성 샤치호코(しゃちほこ, 나고야성 지붕에 장식된 상상의 동물) 쿠키를 즐길 수 있다. 매월 한정 메뉴를 선보이고 곳곳에서 정성과 센스가 묻어나 관광객은 물론 현지에서도 인기.

✖ 아메리카노 480엔, 카페라테 570엔, 샤치호코 토핑 쿠키 120엔
🚶 지하철 츠루마이선 오스칸논역 2번 출구에서 도보 5분 📍 愛知県名古屋市中区大須2-17-25 🕐 11:00~19:00 📞 +81-52-201-2588
🏠 www.kannoncoffee.com 🔍 Nagoya Kannon Coffee

오스의 숨은 로컬 맛집 ……③

콘파루 오스 본점 コンパル 大須本店

1947년 창업해 지금까지 영업 중인 오스 상점가의 터줏대감 같은 카페. 레트로풍 실내로 들어서는 순간 '여기다!' 하는 기분이 들 것이다. 드립 커피는 부드러운 뒷맛을 자랑하고, 1960년 처음 판매한 가게의 간판 메뉴 새우튀김 샌드위치와 돈카츠 샌드위치는 손을 멈출 수 없게 한다.

✖ 커피 480엔, 새우튀김 샌드위치 1,100엔, 돈카츠 샌드위치 800엔
🚶 지하철 츠루마이선·메이조선 카미마에즈역 8번 출구에서 도보 3분
📍 愛知県名古屋市中区大須3丁目20-19 🕐 08:00~19:00
📞 +81-52-241-3883 🏠 www.konparu.co.jp
🔍 콘파루 오스 본점

리
얼
가
이
드
•

도전,
오미쿠지!

오미쿠지おみくじ는 일본 고유의 문화로, 신사나 절에서 운세가 쓰인 종이를 뽑아 자신의 운세를 점치는 행위를 뜻한다. 다만 일본 신사의 경우, 제2차 세계대전 전범을 모시는 도쿄의 야스쿠니 신사나 도요토미 히데요시를 모신 오사카의 도요쿠니 신사, 명성황후를 살해한 칼을 봉납한 후쿠오카의 쿠시다 신사처럼 한일 간 역사적 관계 때문에 관광으로 구경은 할지언정 참배나 오미쿠지 등을 뽑는 것은 아무래도 껄끄러운 것이 사실이다. 하지만 오스칸논처럼 관세음보살을 모신 불교 사원의 경우 거리낄 것 없이 오미쿠지를 뽑고, 에마(絵馬, 말 그림이 그려진 나무판)에 소원을 써서 봉납할 수 있다. 모처럼 여행을 왔으니 일본 문화를 직접 체험해보자.

사용 방법

① 요금을 지불한다

오미쿠지는 대부분 무인 징수가 기본이다. 물론 양심을 속인다면 돈을 내지 않고도 얼마든지 뽑을 수 있지만, 한국에서도 '복채를 깎으면 복이 달아난다'란 말이 있는 마당에 자신의 길흉을 점치는 데 고작 100~500엔을 아까워한다면 아무 의미도, 효과도 없지 않을까?

② 제비를 뽑는다

오스칸논은 자신이 직접 제비를 뽑는 형태라서 편하지만, 번호가 적힌 막대를 먼저 뽑고, 그 막대를 제출하면 제비와 바꿔주는 곳도 많다. 이때 요금을 받는 경우도 있다.

③ 제비를 펼쳐 결과를 확인한다

길흉은 앞에 붙은 한자가 클수록 좋고, 흉凶은 작을수록 좋다. 해석은 직접 서술된 경우도 있고 한시로 서술된 경우도 있는데, 파파고 앱의 이미지 해석 기능을 사용하면 어느 정도 해석 가능하다.

④ 묶거나 간직한다

흉이 나왔을 때는 오미쿠지를 길게 접어 사원 한편에 마련된 묶는 곳에 정성껏 묶는다. 좋지 않은 결과를 남김으로써 액을 사원에 떨치고 간다는 뜻이다. 길이 나왔을 때는 그대로 간직할 수도, 흉처럼 묶을 수도 있는데, '인연을 묶다'와 같은 의미로 해석되기 때문에 좋은 결과를 사원의 힘으로 계속 간직하고 싶다는 뜻이 된다. 잘 접어 지갑 안에 넣어두어도 좋은 부적이 된다.

나고야의 얼과 영광

나고야성 名古屋城

#나고야의상징 #에도시대의시발점 #무료사진

1615년, 나고야 지역을 거점으로 삼던 도쿠가와 이에야스가
임진왜란에서 참패하고 몰락한 도요토미 히데요시를
쓰러뜨리고 에도(도쿄)를 중심으로 에도 막부 시대를 열었다.
이후 일본은 막부 최대의 전성기를 맞이했고, 도쿠가와 가문의
중심지였던 나고야 역시 번영하게 된다. 나고야성은 그런
나고야의 영광을 고스란히 담은 곳으로, 2018년부터 시작된
천수각 복원 공사에 나고야 시민들이 어마어마한 기부금을
보탠 것만으로도 나고야성에 대한 시민들의 사랑을 알 수 있다.

나고야성
추천 코스

나고야성은 넓기도 하거니와 전 세계에서 몰려든 관광객으로 사시사철 붐빈다. 특히 오전 10시쯤부터는 단체 관광객을 태운 버스가 몰려든다. 이때는 카메라에 여유롭게 풍경을 담는 것이 불가능에 가깝기 때문에 가급적 오픈 시간인 9시에 맞춰서 가는 것을 추천한다. 이후 도쿠가와엔까지 둘러보면 반나절 만에 일본 느낌으로 가득한 풍경을 만끽할 수 있다.

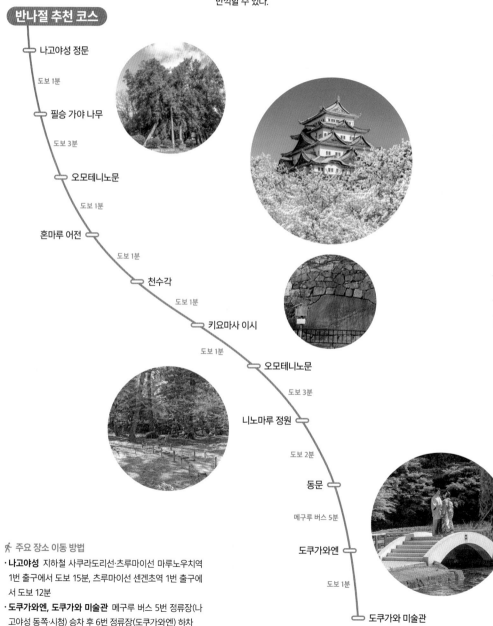

반나절 추천 코스

- 나고야성 정문
  - 도보 1분
- 필승 가야 나무
  - 도보 3분
- 오모테니노문
  - 도보 1분
- 혼마루 어전
  - 도보 1분
- 천수각
  - 도보 1분
- 키요마사 이시
  - 도보 1분
- 오모테니노문
  - 도보 3분
- 니노마루 정원
  - 도보 2분
- 동문
  - 메구루 버스 5분
- 도쿠가와엔
  - 도보 1분
- 도쿠가와 미술관

🚶 **주요 장소 이동 방법**
- **나고야성** 지하철 사쿠라도리선·츠루마이선 마루노우치역 1번 출구에서 도보 15분, 츠루마이선 센겐초역 1번 출구에서 도보 12분
- **도쿠가와엔, 도쿠가와 미술관** 메구루 버스 5번 정류장(나고야성 동쪽·시청) 승차 후 6번 정류장(도쿠가와엔) 하차

나고야성
상세 지도

쿠로카와
黒川

시가혼도리
志賀本通

헤이안도리
平安通

오조네 JR
大曽根 4

메이조코엔
名城公園

아마가사카
尼ヶ坂

모리시타
森下

시미즈
清水

01 나고야성
01 키시멘테이

센겐초
千源町
1
2

히가시오테
東大手

데키마치 거리

도쿠가와엔 02
도쿠가와 미술관 03

7 1
2

데키마치 거리 나고야조
名古屋城

02 우나기키야

소토보리 거리

N
W E
S

0 400m

1
교마치 거리

시모카이도 도로

스기노마치 거리

히사야오도리
久屋大通

타카오카
高岡

쿠루마미치
車道

마루노우치
丸の内
1
2

1
2

나고야성 名古屋城

에도 막부를 세운 쇼군, 도쿠가와 이에야스가 기존의 작은 성을 현재와 같은 규모로 확대하고 자신의 거점으로 삼으면서 건설되었다. 몸은 물고기이고 머리는 호랑이인 상상의 동물, 샤치호코를 모티브로 해서 금으로 만든 성곽 용마루의 킨샤치, 어마어마한 규모와 호화로운 본당 어전, 사방을 둘러싼 군사적 요새인 스미야구라까지, 당시 도쿠가와 가문의 위세와 번영을 잘 보여준다. 다만 천수각은 제2차 세계대전 이후 철골 콘크리트로 복원되었으나, 노후 및 지진 대비 목조 복원 공사를 진행해 2018년 5월부터 입장을 금지했고, 아직 공사 중이다(완료 일정 미정).

🚶 **정문** 지하철 사쿠라도리선·츠루마이선 마루노우치역 1번 출구에서 도보 15분, 츠루마이선 센겐초역 1번 출구에서 도보 12분, **동문** 지하철 메이조선 나고야조역 7번 출구에서 도보 3분
📍 愛知県名古屋市中区本丸1-1
🕐 09:00~16:30(입장 마감 16:00) ❌ 12월 29일~1월 1일
💴 성인 500엔, 중학생 이하 무료 📞 +81-52-231-1700
🏠 www.nagoyajo.city.nagoya.jp/ko 🔎 나고야성

리얼 가이드

●

나고야성 완벽 분석

나고야성은 넓다. 그냥 넓은 것이 아니라 매우 넓다. 그런데 봐야 할 것도
많을 뿐 아니라 천수각 공사로 막혀 있는 곳도 많다. 내가 보고 싶은 명소는
어디이고, 동선은 어떻게 짜야 할지, 〈리얼 가이드〉를 통해 알아보자.

추천 동선

① 정문 → 동문

정문 ▶ 필승 가야 나무 ▶ 오모테니노문 ▶ 혼마루 어
전 ▶ 천수각 ▶ 키요마사 이시 ▶ 오모테니노문 ▶ 니노
마루 정원 ▶ 동문

② 동문 → 정문

동문 ▶ 니노마루 정원 ▶ 오모테니노문 ▶ 혼마루 어
전 ▶ 천수각 ▶ 키요마사 이시 ▶ 오모테니노문 ▶ 정문

서북 스미야구라

노기 창고

후메이문

키요마사 이시

천수각

필승 가야 나무

니노마루 정원

혼마루 어전

서남 스미야구라

동남 스미야구라

오모테니노문

정문

동문

나고야성은 정문과 동문을 통해 입장할 수 있다. 정문은 나고야성의 중심부(천수각, 혼마루 어전)로 들어가는 오모테니노문과 조금 더 가깝고, 동문은 니노마루 정원을 거쳐 오모테니노문으로 갈 수 있다. 정문과 동문 각각 가까운 지하철역이 다르므로, 자신의 동선과 가까운 문을 선택하면 된다.

정문 正門
관직이 높은 신하들만 지나갈 수 있었던 문.

🚶 지하철 사쿠라도리선·츠루마이선 마루노우치역 1번 출구에서 도보 15분, 츠루마이선 센겐초역 1번 출구에서 도보 12분
🔍 Nagoya Castle Ticket Booth

동문 東門

🚶 지하철 메이조선 나고야조역 7번 출구에서 도보 3분
🔍 Nagoya Castle Coin Lockers

정문 동선으로 만날 수 있는 명소
니시노마루 에리어 西之丸エリア

동문 동선으로 만날 수 있는 명소
니노마루 에리어 二之丸エリア

니노마루 정원 二之丸庭園
일본의 다이묘(영주)들이 살던 저택의 정원 중 가장 큰 규모를 자랑하는 정원.

🔍 Ni-no-maru Garden

필승 가야 나무 名古屋城榧 (カヤ) の木
수령 600년 이상으로 추정되는 천연기념물. 도쿠가와 이에야스의 아홉째 아들인 도쿠가와 요시나오가 전투를 앞두고 승리를 기원하며 열매를 식사로 내놓았는데 그 전투를 승리로 장식하면서 이런 이름이 붙었다.

🔍 Nagoyajo Kaya No Ki

나고야성 중심부
혼마루 에리어 本丸エリア

오모테니노문 表二之門
1621년경 완성된 혼마루 남쪽의 내성 정문.

🔍 Honmaru Second Front Gate

동남 스미야구라 東南隅櫓
나고야성 내성을 지키는 또 다른 감시탑. 오모테니노문으로 들어가기 전보다 문 바깥에서 찍는 풍경이 더 멋지니 참고하자.

🔍 Important Cultural Property-Tounan-sumi Yagura, Southeast Corner Watchtower

천수각 天守閣
나고야성의 본건물이자 하이라이트. 다만 내부는 노후 및 지진 대비 목조 복원을 위해 2018년 5월부터 입장을 금지했고, 아직 공사 중이다(완료 일정 미정). 바깥에서만 봐도 위용을 충분히 느낄 수 있다. 참고로 천수각 앞에서 무료 사진을 찍어주는 이벤트를 진행하는 경우가 많다. 관광 가이드복을 입은 직원들이 큰 소리로 "Free Picture"라고 외친다. 추억을 남기고 싶다면 한 장 찍어보자.

🔍 1-1 Honmaru

혼마루 어전 本丸御殿
제2차 세계대전 때 소실된 일본의 국보 1호. 관청 및 영주의 저택으로 사용하던 곳으로, 어마어마하게 화려한 내부 장식으로 유명했다. 이후 에도 시대에 남겨진 설계도 등을 바탕으로 정밀한 복원 공사를 통해 2018년 지금의 모습으로 복원되었다. 입장 전 가이드 비디오를 시청하고 들어가야 하며, 입장 시 신발을 벗어야 한다. 신발 로커 및 슬리퍼를 제공한다. 또 내부 시설물에 흠집을 내는 것을 방지하기 위해 모든 가방은 앞으로 메야 한다. 각 가이드 팻말에는 한국어 설명도 첨부해 편하게 관람할 수 있다.

🔍 나고야 성 혼마루어전 차기

서남 스미야구라 西南隅櫓
나고야성 내성을 지키는 감시탑 중 하나. 모든 스미야구라는 밖에서는 2층으로 보이지만 내부는 3층으로 이루어져 있다.

🔍 Important Cultural Property-Seinan-sumi Yagura, Southwest Corner Watchtower

키요마사 이시 清正石

나고야성의 돌담과 축석 중 가장 큰 돌. 도쿠가와 이에야스의 명으로 나고야성을 건립하는 데 협조한 거대 다이묘들 가운데 축성의 달인이라 불린 가토 키요마사가 옮겨 왔다는 설에 따라 '키요마사 이시(石, 바위)'로 불린다. 임진왜란의 선봉장이었던 그 가토 키요마사가 맞다.

🔍 Stone Walls, Kiyomasa Stone

후메이몬 不明門

혼마루 북쪽의 내성 후문.

🔍 나고야성 불명문

나고야성 북동부 & 북서부
오후케마루 에리어 御深井丸エリア

이곳은 천수각 공사의 여파로 통행을 제한하는 구역이 많은 데다 명소도 없기 때문에 방문 중요도가 낮은 편이다. 다만 이곳에서 바라보는 천수각이 색다른 각도이므로 시간과 체력에 여유가 있다면 들러보자.

서북 스미야구라 西北隅櫓

현존하는 에도 시대 3층 규모 야구라 중 전국에서 두 번째로 크다.

🔍 Important Cultural Property-Seihoku-sumi Yagura, Northwest Corner Watchtower

노기 창고 乃木倉庫

근대인 메이지 시대에 탄약고로 쓰기 위해 세운 건물. 제2차 세계대전 당시 피해를 입지 않았으며, 덕분에 이곳으로 피란시킨 많은 그림이 무사할 수 있었다고 한다.

🔍 나고야성 노기 창고

도심에서 즐기는 아름다운 자연 ······ ②

도쿠가와엔 徳川園

도쿠가와 가문의 대저택과 정원이 있던 장소를 개축 및 보수해 1931년에 문을 연 공공 공원. 제2차 세계 대전 때 소실되었지만 복원 작업을 거쳐 2004년 새롭게 개장했다. 약 23,140㎡(7,000평) 공간에 일본식 정원의 정수를 담았다. 사시사철 꽃이 피는 것으로 유명한데 이른 봄에는 산수유와 매화, 봄에는 모란과 벚꽃, 여름에는 창포와 수국, 가을에는 도라지와 꽃무릇, 겨울에는 동백이 유명하다. 아름다운 풍경 때문에 결혼 사진을 찍는 예비부부가 많다.

🚶 지하철 메이조선 오조네역 3번 출구에서 도보 15분,
사쿠라도리선 쿠루마미치역 1번 출구에서 도보 18분
📍 愛知県名古屋市東区徳川町1001
🕐 09:30~17:30(입장 마감 17:00)
✖ 월, 12월 29일~1월 1일
¥ 성인 300엔, 중학생 이하 무료
📞 +81-52-935-8988
🏠 www.tokugawaen.aichi.jp
🔎 도쿠가와원

134

도쿠가와 미술관 德川美術館

에도 막부 시기에 도쿠가와 가문이 모은 보물을 전시하는 곳. 관람객을 '도쿠가와 막부의 나고야성 어전에 초대된 손님'으로 설정해, 실제 그 시대의 내빈을 대접하던 순서를 참고해 전시관 관람 동선을 설계했다. 무려 9개의 국보를 비롯해 59개의 중요문화재, 46개의 중요미술품을 소장하고 있다. 특히 일본에서 현존하는 가장 오래된 국보인 〈겐지 이야기 에마키〉가 유명하며, 이외에도 대다수 소장품의 보존 퀄리티가 높다. 다만 내부는 모두 촬영 금지이므로 주의하자.

🚶 지하철 메이조선 오조네역 3번 출구에서 도보 15분,
사쿠라도리선 쿠루마미치역 1번 출구에서 도보 18분
📍 愛知県名古屋市東区徳川町1017
🕙 10:00~17:00(입장 마감 16:30)
❌ 월(공휴일인 경우 다음 날), 12월 29일~1월 1일
¥ 성인 1,600엔, 고등학생 이상 800엔, 중학생 이하 500엔
📞 +81-52-935-6262
🏠 www.tokugawa-art-museum.jp
🔍 도쿠가와 미술관

나고야성 안의 보물 같은 맛집 ...... ①
키시멘테이 きしめん亭

나고야성 오모테니노문 앞에 있는 아이치현 카리야시에서 유래된 면 요리, 키시멘 전문점. 나고야성은 넓고 개방된 장소라서 겨울에는 매서운 바람이 불고 여름에는 뙤약볕이 내리쬐는데, 이곳에서 따뜻하거나 시원한 키시멘 한 그릇을 먹으면 든든해진 속과 함께 컨디션을 회복할 수 있다. 주문은 식권 발매기로 하는데, 일본어 외 언어도 지원하므로 메뉴를 쉽게 고를 수 있다. 식기는 가게 뒤편에서 셀프로 반납해야 하므로 식사 후 그냥 일어나는 일이 없도록 주의하자.

✕ 명물 키시멘 800엔, 텐푸라 키시멘 1,100엔, 자루 키시멘 900엔 🏃 나고야성 오모테니노문 앞 ● 愛知県名古屋市中区三の丸1丁目1-1 ⏰ 10:00~16:00 🔍 키시멘테이

최고급 숯에서 배어 나오는 불 향 ...... ②
우나기키야 鰻木屋

히츠마부시 전문점이 즐비한 나고야에서도 손꼽히는 맛집. 요리에 사용하는 장어는 늘 생물로만 들여와 우물물에 보관하고, 장어를 굽는 숯 또한 최고급을 사용한다. 나고야성 동문 근처에 있기 때문에 함께 들르기 좋지만, 점심시간에만 운영하는 데다 관광객은 물론 현지인도 즐겨 찾기 때문에 늘 대기 줄이 있음을 명심하자(특히 토요일에는 인산인해를 이룬다). 영어 메뉴판을 갖추고 있다. 참고로 우나기키야 바로 옆에도 로컬 식당(야마다야, 우동·소바 전문)이 있는데, 이곳도 현지 맛집이라 늘 줄이 길어서 자칫 헷갈릴 수 있으니 유의하자.

✕ 특상 히츠마부시 5,300엔, 상 히츠마부시 4,000엔, 히츠마부시 3,300엔, 우나동 4,000엔 🏃 지하철 메이조선 나고야조역 2번 출구에서 도보 6분, 나고야성 동문에서 도보 12분 ● 愛知県名古屋市東区東外堀町11 ⏰ 11:00~13:30 ✕ 일 📞 +81-52-951-8781 🔍 우나기키야, Nagoya Castle Unagikiya

일본에서 두 번째로 큰 신궁

아츠타 신궁 熱田神宮

'생애에 고비가 오면 아츠타에 가라'라는 지역 격언이 있을 정도로 아츠타 신궁은 주부 지방에서
가장 신성시되는 곳이다. 건립된 지 무려 1,900년이 넘었으며, 자체적으로 신직神職을
가르치는 학원을 두었을 정도로 높은 위상을 지니고 있다. 수많은 일본인이 이곳에서 정성스레
기도를 올리는 모습을 보면 그들이 이곳을 얼마나 신성한 공간으로 여기는지 알 수 있다.

이동 방법

사카에
(메이조선 사카에역)
　　　　　지하철 14분, 240엔
아츠타진구텐마초역
　　　　　도보 5분
아츠타 신궁 정문

나고야역
(히가시야마선 나고야역)
　　　　　지하철 21분, 270엔
사카에
(메이조선 사카에역)
아츠타진구텐마초역
　　　　　도보 5분
아츠타 신궁 정문

나고야 시민들의 정신적 안식처

아츠타 신궁 熱田神宮

일왕 계승식에서 사용하는 '삼종신기(거울, 곡옥, 검)' 중 검을 보관하고 있는, 일본에서 두 번째로 큰 신궁이다(리얼 가이드 참고 **P.140**). 전국구 성지인 만큼, 나고야 시민은 물론 전국에서 모인 방문객과 관광객으로 사시사철 북적인다. 매년 6월 5일에는 '아츠타 축제'라 불리는 성대한 축제가 열리며, 그 전날부터 당일 밤까지 경내 전 구역에 걸쳐 노점이 들어서는 진풍경을 연출한다. 신궁 내 모든 구역에서는 흡연 및 음식물 섭취를 전면 금지하므로 주의하자.

🚶 **정문** 지하철 메이조선 아츠타진구텐마초역 1번 출구에서 도보 5분 ♥ 愛知県名古屋市熱田区神宮 1丁目1-1 ⏰ 24시간 ¥ 무료 📞 +81-52-671-4151 🏠 www.atsutajingu.or.jp/jingu
🔍 아츠타 신궁 정문 제일 토리이

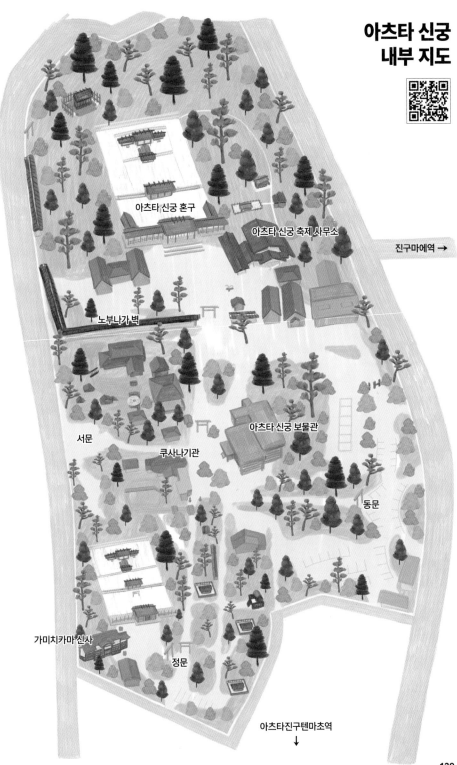

아츠타 신궁 내부 지도

아츠타 신궁 혼구

아츠타 신궁 축제 사무소

진구마에역 →

노부나가 벽

서문

쿠사나기관

아츠타 신궁 보물관

동문

가미치카마 신사

정문

아츠타진구텐마초역
↓

●

아츠타 신궁 이야기

아츠타 신궁이 '신사의 나라'라고 불리는 일본에서도 특히 유명한 이유는, 신령이 깃든 물건으로 알려진 삼종신기三種の神器 가운데 하나인 '쿠사나기의 검草薙劍'을 보관하고 있는 곳이기 때문이다. 나머지 2종은 거울인 '야타의 거울八咫鏡'과 곡옥인 '팔척경구옥八尺瓊勾玉'이다. 삼종신기는 몇십 년에 한 번 있는 일왕 계승식 때나 공식 행사에 등장하며, 그마저도 철저한 보안 속에서 케이스에 담긴 채 등장할 정도로 일본 내에서는 절대적인 숭배를 받는다. 그래서 이 보물들을 보관하고 있는 신사들도 그에 맞먹을 만큼 신성한 곳으로 여겨진다. 실제로 아츠타 신궁은 일본에서 두 번째로 거대한 신사인데, 첫 번째인 이세 신궁 역시 삼종신기 중 '야타의 거울'을 보관하고 있다. 아츠타 신궁의 관광 포인트는 크게 세 가지로 볼 수 있는데, 첫 번째는 일본스러운 풍경, 두 번째는 오미쿠지와 부적으로 신성시되는 신사인 만큼 이곳의 오미쿠지와 부적도 영험한 것으로 취급받는다. 세 번째는 도검류 관람이다. 신성한 검을 보관하는 신사인 까닭에, 1,900년이 넘는 세월 동안 전국에서 유명한 도검이란 도검은 모두 이곳에 봉납되었다. 이곳에 바쳐지는 도검이 워낙 많은 탓에, 아츠타 신궁 보물관 외에도 아예 '쿠사나기관草薙館'이란 도검 전문 박물관을 경내에 새로 지었을 정도다(구글맵 검색 Atsutajingu Kusanagi Museum). 일본 도검류에 관심이 있다면 보물관에 이어 이곳도 꼭 들러보자.

아기들의 이름을 짓는 곳으로 유명한 신사
가미치카마 신사 上知我麻神社

아츠타 신궁 내에는 여러 신사가 있고 각기 다른 신을 모시는데, 이곳은 지혜의 신을 모신 곳이다. 이곳이 특히 유명한 것은 아기 이름을 지을 수 있어서인데, 실제로 신사 앞에는 매월 신사에서 축성을 받고 지은 아기들의 이름을 공개한다. 그래서인지 신혼부부나 임신부, 그리고 손주들의 안녕을 빌러 오는 노부부의 방문이 잦은 편.

🚶 아츠타 신궁 정문에서 도보 1분 📍 愛知県名古屋市熱田区神宮1丁目1 🕐 24시간 💴 무료 📍 가미치카마 신사

일본 3대 흙담
노부나가 벽 信長塀

직접 보면 별것 아닌 것처럼 여겨지지만, 무려 일본 3대 흙담 중 하나로 매우 유명하다. 일본 역사에서 손꼽히는 영주인 오다 노부나가가 전쟁터로 향하며 아츠타 신궁에 승리를 기원했는데, 이후 모든 전투에서 승리하자 감사의 뜻으로 봉납한 흙담이기 때문. 대부분 무심한 표정으로 지나치는 서양 관광객과 일본 역사에 관심이 많은 동아시아 관광객이 진지하게 사진을 찍는 모습이 재밌는 대비를 이룬다.

🚶 아츠타 신궁 정문에서 도보 5분 📍 愛知県名古屋市熱田区神宮1丁目1 🕐 24시간 📍 노부나가 병

도검 마니아라면 들러야 하는
아츠타 신궁 보물관 熱田神宮 宝物館

국보와 국가 중요문화재 및 아이치현 중요문화재로 지정된 177점을 포함한 무려 6,000여 점을 소장하고 있는 곳. 소장품이 워낙 많기 때문에 시기별로 전시품을 달리한다. 1968년 개관했으며, 일본의 삼종신기 중 검을 보관하고 있는 신사의 보물관답게, 소장품 중 '명검'으로 불린 역사적인 도검류가 많다. 특히 국보인 '단도 라이쿠니토시来国俊'는 무려 700여 년 전에 만든 명검으로 반드시 봐야 한다. 내부는 모두 촬영을 금지하므로 주의하자.

🚶 아츠타 신궁 정문에서 도보 4분 📍 愛知県名古屋市熱田区神宮1丁目1-1 🕐 09:00~16:30(입장 마감 16:00) ❌ 마지막 주 목(공휴일인 경우 수요일), 12월 25~31일 💴 성인 500엔, 중학생 이하 200엔 📞 +81-52-671-0852 🏠 www.atsutajingu.or.jp/houmotukan_kusanagi/ 📍 아츠타 신궁 문화전(보물관)

아츠타 신궁 제일의 포토 존
아츠타 신궁 축제 사무소 熱田神宮祭務部

2009년에 완공된, 아츠타 신궁에서 진행하는 모든 축제와 이벤트를 접수하고 관장하는 사무소. 관광객 입장에서는 이용할 일이 없지만 건물 외부가 매우 근사해 많은 이들의 포토 존으로 꼽힌다. 특히 아츠타 신궁의 미코(무녀)들이 판매 상품 리필 등을 위해 자주 드나드는데, 타이밍을 잘 맞춰 뒷모습과 함께 찍으면 아츠타 신궁을 상징하는 사진을 얻을 수 있다.

🏃 아츠타 신궁 정문에서 도보 6분
📍 Atsuta Jingu Matsuri Tsutomubu(Ceremony Office)

아츠타 신궁의 중심
아츠타 신궁 혼구 熱田神宮 本宮

아츠타 신궁은 일본 내에서도 워낙 신성시되는 곳이기 때문에 본당 경내로 들어갈 수 없다. 대신 본당 입구에 참배할 수 있는 공간을 만들어놓았는데, 이곳에서 본당 외관을 구경할 수 있다. 항상 경비원이 교대 근무를 하며 상주하는데, 사진 촬영의 경우 계단 아래에서 찍는 것은 괜찮지만 참배 공간에서 찍는 것은 엄격히 제지하니 주의하자.

🏃 아츠타 신궁 정문에서 도보 6분
📍 Hongu(Main Shrine)

나고야 히츠마부시의 원조
아츠타 호라이켄 본점 あった蓬莱軒 本店

나고야의 대표 명물인 히츠마부시의 원조로 꼽히는 곳. 1873년에 창업했으며, 어마어마한 전통과 역사를 지닌 만큼 주말은 물론 평일에도 긴 줄이 늘어선다. 특히 히츠마부시의 핵심이라고 불리는 특유의 나무 그릇을 최초로 사용한 것으로 알려졌으며, 히츠마부시에 사용하는 소스의 원재료는 창업 후 150년이 넘도록 계승자에게만 전수될 정도로 비밀을 지키고 있다. 정문 바로 앞에는 아츠타 호라이켄 신궁점あった蓬莱軒 神宮店도 자리하는데, 원래 아츠타 신궁 내에 본점이 있었지만 1996년 신궁에서 이전을 강요받았을 때 단골손님이 '호라이켄은 아츠타 신궁 근처에 있어야 한다'고 제안해 현재의 위치로 옮긴 일화가 있을 만큼 나고야 시민들의 사랑을 듬뿍 받는다.

🍴 히츠마부시 4,950엔, 일품 히츠마부시 6,600엔, 우나동 3,300엔, 우나기 정식 3,400엔 🚶 지하철 메이조선 아츠타진구텐마초역 4번 출구에서 도보 8분 📍愛知県名古屋市熱田区神戸町503 🕐 11:30~14:00·16:30~20:30 ❌ 수·매월 둘째, 넷째 주 목
📞 +81-52-671-8686
🏠 www.houraiken.com/honten
🔍 아츠타 호라이켄 본점

REAL
PLUS ···· ②

거대한 공업지대 속 놀이 공간

미나토 港区

본래 나고야는 일본에서 공업으로 유명한 도시다. 해안에 자리한
전 세계 공업 도시가 그러하듯, 나고야 역시 항만 지역(미나토みなと)에 어마어마한
규모의 공업지대와 수출항이 자리한다. 거대한 공장과 물류 창고 사이에 있는
위락 시설은 묘하고도 이질적인 느낌을 자아낸다.

이동 방법

가나야마 　　　　　　**나고야항**
(메이코선 가나야마역)　　　(나고야역)
○──────────────○
　　지하철 19분, 240엔

한국에서는 만날 수 없는
범고래의 위용

나고야항 수족관

名古屋港水族館

한국에서는 만나보기 힘든 케이프펭귄, 벨루가, 범고래 등을 만날 수 있는 수족관. 여느 유명 수족관에 비해 규모는 작은 편이지만, 거대한 범고래가 수면 위로 도약할 때 느껴지는 박력은 직접 보지 않고는 실감하기 힘들다. 입구 매표소는 주말은 물론 평일도 인파가 몰릴 때가 많으므로 클룩 등의 앱을 통해 한국에서 미리 티켓을 구매해 가면 편하다. 출구에 있는 투명한 재입장 스탬프를 손등에 찍으면 당일 한정으로 몇 번이든 다시 입장할 수 있다. 계절에 따라 폐관 시간이 다르니(17:00·17:30·18:00), 홈페이지를 통해 미리 확인하자. 수족관 바로 앞에 있는 '제티JETTY'라는 복합 상업 시설에서 식사를 해결할 수 있다.

🏃 지하철 메이조선 가나야마역에서 메이코선 승차 후 종점 나고야코역 하차, 3번 출구에서 도보 5분 📍 愛知県名古屋市港区港町1-3 🕐 09:30~17:30(계절에 따라 폐관 시간 상이) ❌ 7~9월 제외 월(공휴일인 경우 다음 날) ¥ 성인 2,030엔, 초중생 1,010엔, 유아(4세 이상) 500엔 📞 +81-52-654-7080 🏠 nagoyaaqua.jp/korean
🔍 나고야항 수족관

레고의, 레고에 의한, 레고를 위한
레고랜드 재팬 LEGOLAND Japan

전 세계에서 인기 있는 레고 블록을 테마로 한 테마파크. 40가지가 넘는 차량과 쇼, 어트랙션을 갖추었으며, 테마가 다른 7개 지역으로 구성되어 있다. 내부는 1,700만 개의 레고 블록과 1만 개의 레고 모델을 사용해 말 그대로 레고 세계로 들어간 듯한 느낌을 경험할 수 있다. 특히 '어드벤처 테마 존'과 이곳에서 운영하는 '서브마린 어드벤처', '로스트 킹덤 어드벤처'는 레고랜드 코리아에 없는 어트랙션이니 제일 먼저 들르자. 입장권인 원데이 패스포트는 입장일별로 가격이 다르니 홈페이지와 클룩 앱 등을 통해 미리 확인하고 구입할 것.

🚶 JR 나고야역에서 JR 아오나미선으로 종점 킨조후토역까지 이동(약 24분), 서쪽 출구에서 도보 8분 📍 2丁目-2港区名古屋市愛知県
🕙 평일 10:00~17:00, 주말 & 공휴일 10:00~18:00(입장 마감 17:30)
❌ 9월 3~5일, 12월 26일~1월 3일
💴 원데이데이 패스포트 성인 4,500엔~, 3~18세 3,300엔~
📞 +81-570-058-605 🏠 www.legoland.jp 🔍 레고랜드 재팬

실제 열차 39량에서 느껴지는 힘
리니어 철도관 リニア·鉄道館

철도 강국 일본의 진면모를 확인할 수 있는 박물관. 거대한 공간에 증기기관차부터 신칸센까지, 무려 39량에 달하는 실제 열차가 전시되어 있는 광경에서 어마어마한 힘이 느껴진다. 거의 모든 차량은 실제로 타볼 수 있고, 특히 전시장 한편에서는 재래식 열차의 운행 시뮬레이터도 체험할 수 있다. 유료이며, 현장 예약 필수다. 내부에 별도의 레스토랑은 없지만 철도 박물관답게 기차역에서 판매하는 '에키벤ぇきべん'을 취급하는 코너와 공용 취식 공간이 있어서 가성비 좋은 식사를 할 수 있다.

🚶 JR 나고야역에서 JR 아오나미선으로 종점 킨조후토역까지 이동 약 24분, 동쪽 출구에서 도보 1분 📍 愛知県名古屋市港区金城ふ頭3丁目2-2
🕙 10:00~17:30(입장 마감 17:00)
❌ 화(공휴일인 경우 다음 날), 12월 28일~1월 1일
💴 성인 1,000엔, 초중고생 500엔, 미취학 아동 200엔, 철도 운전 시뮬레이터는 이용료 별도(현장 예약 필수) 📞 +81-52-389-6100
🏠 museum.jr-central.co.jp 🔍 리니어 철도관

아오나미선 타는 법

미나토 지역의 레고랜드 재팬과 리니어 철도관에 가기 위해서는 별도의 철도 노선인 '아오나미선あおなみ線'을 타야 한다. 아오나미선은 각각 종점인 나고야역名古屋駅과 킨조후토역金城ふ頭駅을 오가는데, 24분 정도 걸린다. 나고야 시영 지하철이 아니기 때문에 별도의 티켓을 구입해야 하며, 당연히 도니치에코 킷푸나 1일 지하철 무제한 탑승권은 사용할 수 없다. 아오나미선의 색깔은 파란색인데, 비슷한 파란색을 사용하는 나고야 시영 지하철의 츠루마이선은 나고야역에 서지 않기 때문에, 나고야역에서 아오나미선을 타고 싶다면 무조건 'Aonami Line', 혹은 파란색 표지를 따라가면 된다. 나고야역에서 킨조후토역까지 요금은 360엔이며, 자동 발매기가 한국어를 지원하므로 수월하게 구매할 수 있다.

킨조후토역에서 내려 개찰구를 나오면 바로 갈림길이 보인다. 왼쪽으로 꺾으면 리니어 철도관으로 갈 수 있고, 직진하면 레고랜드 재팬으로 갈 수 있다.

나고야역 ·········· 24분, 360엔 ·········· **킨조후토역**

킨조후토역에서 가볍게 끼니를 해결하는 두 가지 방법

① 1층 편의점에서는 미나토구를 오가는 화물차 운전사를 위한 도시락을 판매한다.

② 킨조후토역 바로 길 건너에 종합 가구 판매점 '퍼니처 돔 본점ファニチャードーム 本店'이 있는데, 이곳 1층에 깔끔하면서도 저렴한 푸드코트가 있다.

퍼니처 돔 푸드코트
🕐 평일 11:00~19:30, 주말 10:30~20:00

지브리 마니아들의 성지,
지브리 파크

지브리 파크ジブリパーク는 도쿄에 있는 지브리 미술관의 확장성에 한계를 느낀 지브리 스튜디오가 340억 엔의 공사비를 들여 2022년에 야심 차게 문을 연 테마파크다. 〈이웃집 토토로〉, 〈모노노케 히메〉, 〈하울의 움직이는 성〉, 〈센과 치히로의 행방불명〉, 〈마녀 배달부 키키〉 등 우리에게 친숙한 지브리의 작품들을 마치 실재하는 세계인 것처럼 만날 수 있다.

🏠 ghibli-park.jp

STEP 01
어디에 있지?
지브리 파크는 아이치 엑스포 기념 공원 부지에 건설되었기 때문에 정확하게는 나고야가 아닌, 이웃 도시 나가쿠테시長久手市에 위치한다. 그래서 나고야 시내 곳곳에서 '지브리 파크가 있는 나가쿠테시로 오세요'라는 광고가 눈에 띈다.

📍 愛知県長久手市茨ケ廻間乙1533-1 內 愛·地球博記念公園(モリコロパーク) 🕐 평일 10:00~17:00, 주말 & 공휴일 09:00~17:00
❌ 화, 12월 28일~1월 3일 🔍 지브리 파크

STEP 02

어떻게 가지?
워낙 넓기 때문에 약 15분 간격으로 주요 스폿에 정차하는 셔틀버스가 오간다. 셔틀버스 정류장에 있는 시간표와 상관없이 운행하므로 참고하자.

🚶 지하철 히가시야마선 후지가오카역에서 리니모 승차 후 아이치큐하쿠키넨코엔역 하차, 도보 10분

STEP 03
티켓은 어떻게 사지?
지브리 파크는 현장 예매가 불가능하며 인터넷으로 몇 달 전에 예약해야 한다. 무작정 찾아갔다가는 아무것도 보지 못하고 나올 수 있으니 주의하자. 그러므로 지브리 파크에 입장하기 위해서는 반드시 한국에서 예약해야 한다. 여행 직전에 예약한다면 두 종류의 티켓 중 하나도 구입하지 못할 수 있으니 서두르자. 지브리 파크 오산포 티켓은 극성수기가 아니라면 1개월~2주 전에도 예매 가능하지만, 프리미엄 패스의 경우 최소 6주 이상, 기본적으로는 2개월 전에는 예약해야 원하는 날짜를 선택할 수 있다. 매달 10일 오후 2시에 2개월 후 티켓 판매 개시.

외국인 전용 티켓 구입 사이트 🏠 ghibli-park.jp/en/ticket

	지브리 파크 오산포 티켓 GHIBLI PARK O-SANPO DAY PASS	지브리 파크 오산포 프리미엄 패스 GHIBLI PARK O-SANPO DAY PASS PREMIUM
사용처	• 지브리 대창고, 청춘의 언덕, 돈도코 숲, 모모노케의 마을, 마녀의 계곡 • 단, 각 스폿 내 프리미엄 패스 전용 장소는 들어갈 수 없다(ex. 돈도코 숲 안에 있는 '사츠키와 메이의 집').	• 사츠키와 메이의 집, 하울의 성, 마녀의 집 등 지브리 파크 각 스폿의 프리미엄 패스 전용 장소
요금	• 성인 3,500~4,000엔 • 어린이(만 4세~초등학생) 1,750~2,000엔	• 성인 7,300~7,800엔 • 어린이(만 4세~초등학생) 3,650~3,900엔

이용 방법 외국인 전용 티켓 사이트에 접속 → 원하는 티켓과 날짜, 그리고 입장 시간 선택 → QR 코드 입장권을 받을 이메일 주소와 전화번호 입력(ex. 전화번호가 010-1234-1234일 때 821012341234) → 신용카드 번호 입력 → 예약 완료 문자 및 이메일 확인 → 예약 일시에 해당 QR 코드로 지브리 파크 내 각 스폿 입장

지브리 파크의 하이라이트

지브리 대창고 ジブリの大倉庫

도쿄의 지브리 미술관과 연계해 지브리 관련 설치 작품을 볼 수 있는 곳. 주로 〈이웃집 토토로〉, 〈센과 치히로의 행방불명〉, 〈천공의 성 라퓨타〉, 〈마루 밑 아리에티〉 관련 작품을 전시한다. 이곳의 하이라이트는 마지막에 들르게 되는 기념품 숍, '모험 비행단'. 모든 지브리 작품과 관련된 상품 외에도 지브리 파크만의 오리지널 상품까지 갖추어, 계산대에는 늘 긴 줄이 늘어선다. 도쿄의 지브리 미술관과 달리 대부분의 장소에서 사진 촬영이 가능하다.

🚶 지하철 히가시야마선 후지가오카역에서 리니모 승차 후 아이치큐하쿠키넨코엔역 하차, 도보 10분
🏠 ghibli-park.jp/about/daisouko.html
📍 Ghibli's Grand Warehouse

토토로가 사는 숲

돈도코 숲 どんどこ森

한국에서 가장 유명한 지브리의 작품, 〈이웃집 토토로〉를 메인 테마로 삼아 조성한 공간. 넓고 울창한 산 하나를 통째로 꾸몄으며, 거대 토토로상과 작은 기념품 숍이 있는 전망대를 비롯해 사츠키와 메이의 집이 작품 속 모습 그대로 자리한다. 산 정상의 전망대는 계단 또는 작은 산악열차를 이용해서 오르는데, 오가는 시간이 긴 데다 몸이 불편한 사람이나 휠체어 이용자, 유모차 이용자를 우선 승차시키기 때문에 생각보다 오래 기다릴 수 있다.

🚶 지브리 대창고에서 도보 15분
🏠 ghibli-park.jp/about/dondokomori.html
📍 돈도코 숲

키키와 하울을 만나러 가자
마녀의 계곡 魔女の谷

2024년 3월 16일에 문을 연 최신상 구역. 그런 만큼 대기 줄도 길고 홈페이지 예약도 치열하다. 실물 크기로 재현한 하울의 성과 주인공 소피가 일하는 모자 가게를 실제 숍으로 운영하며, 키키와 검은 고양이 지지가 살던 빵집 역시 실제 빵집으로 운영한다. 그 외에도 레스토랑과 핫도그 가게, 어린이를 위한 회전목마 등이 자리한다.

🚶 지브리 대창고에서 도보 4분
🏠 ghibli-park.jp/about/majonotani.html
🔍 마녀의 계곡

●

아이치현의 숨은 스폿들

아이치현에는 나고야 외에도 볼거리와 즐길 거리가 많다. 그중 대표적인 두 곳은
자동차 마니아라면 반할 수밖에 없는 토요타 박물관, 롤러코스터의 전당인 나가시마 스파랜드로,
시간과 품을 들일 만한 가치가 충분한 곳들이다.

자동차 마니아들이여, 이곳으로 오라

토요타 박물관 トヨタ博物館

나고야 시내의 토요타 산업기술 기념관이 '기업 토요타'에 대한 박물관이라면, 이곳
은 순수하게 '자동차'만을 위한 박물관이다. 토요타 브랜드에 한정하지 않고 1890년
부터 현재까지의 전 세계 자동차 140대를 대부분 주행 가능한 상태로 전시하고 있
으며, 자동차 관련 자료 4,000점도 함께 소개한다. 전시 홀마다 늘어선 수십 대의 자
동차는 보는 이를 압도하며, 자동차 마니아를 열광케 한다.

🏃 지하철 히가시야마선 후지가오카역에서 리니모 탑승 후 게이다이도리역하차,
1번 출구에서 도보 5분 📍 愛知県長久手市横道41-100
🕐 09:30~17:00(입장 마감 16:30) ❌ 월(공휴일인 경우 다음 날), 12월 26일~1월 3일
💴 성인 1,200엔, 중고생 600엔, 초등학생 400엔, 유아 무료 📞 +81-561-63-5151
🏠 toyota-automobile-museum.jp/kr 🔎 토요타 박물관

세상 모든 종류의 롤러코스터가 이곳에
나가시마 스파랜드 ナガシマスパーランド

일본 내에서 가장 많은 롤러코스터 12대를 보유하고 있는 놀이
공원. 말 그대로 극도의 스릴과 자극을 추구하는 테마파크이며,
부지 내 거의 모든 곳에서 사람들의 즐거운 절규를 들을 수 있
다. 주말과 공휴일에는 무척 붐비지만, 평일에 가면 생각보다 한
산해서 인기 많은 어트랙션도 대기 시간이 짧은 경우가 많다.
나고야역 메이테츠 버스 센터에서 갈 경우, '나가시마 온천長島
温泉'이라고 쓰인 키오스크(영어 지원)에서 구매하면 되고, 버
스 왕복 티켓과 자유 이용권을 포함한 세트권을 저렴하게 판매
하니 이용하면 좋다. 오아시스21 버스 센터에서 가는 경우, 매
표소가 오전 10시에 열기 때문에 그 전 시간대의 버스를 이용
한다면 하차 시 정산하면 된다. 주의할 점이 있다면, 일별로 폐
장 시간이 많이 차이 나는 편이므로(17:00부터 19:00까지) 홈
페이지의 영업시간 캘린더(www.nagashima-onsen.co.jp/
spaland/fee/index.html)를 확인하는 것이 좋다. 또 해안가에
위치한 만큼 바람이 많이 부는데, 강풍이 부는 날은 여러 어트
랙션이 예고 없이 운행하지 않는 경우가 있다. 참고로 내부에 자
리한 호빵맨 박물관은 아이들과 함께 가기 좋다.

🏃 나고야역 메이테츠 버스 센터 또는 오아시스21 버스 센터에서
나가시마 온천행 버스 이용(약 55분 소요) 📍 三重県桑名市長島町浦安
333 🕐 평일 09:30~16:30, 주말 09:30~17:00 💴 기본 입장권 성인
1,500엔, 초등학생 1,000엔, 유아(2세부터) 500엔 / 자유 이용권 성인
5,800엔, 초등학생 4,400엔, 유아(2세부터) 2,700엔 📞 +81-594-
45-1111 🏠 www.nagashima-onsen.co.jp/spaland/index.html
🔍 나가시마 스파랜드

놀이 천국 옆 쇼핑 천국
미츠이 아웃렛 파크 재즈 드림 나가시마
三井アウトレットパーク ジャズドリーム長島

나가시마 스파랜드 바로 옆에 자리한 아웃렛. 명품과 준
명품은 물론, 생활용품과 아웃도어 브랜드, 스포츠웨어와
일상복 등 다양한 브랜드의 숍이 2층 건물에 200개 이상
들어서 있다. 레스토랑과 카페, 푸드코트도 충실하며, 많
은 매장에서 면세를 지원한다. 점포가 많은 만큼 부지가
만만치 않게 넓기 때문에 계획을 잘 세워서 둘러보는 것
이 중요하다. 정문과 남문에서 10분 간격으로 셔틀버스
를 운행하니 참고하자.

🏃 나가시마 스파랜드와 동일 📍 三重県桑名市長島町浦安368
🕐 10:00~20:00(레스토랑은 가게별로 오픈 시간 상이, 푸드코트
는 평일 11:00 오픈, 주말 & 공휴일 10:30 오픈) 📞 +81-594-
45-8700 🏠 mitsui-shopping-park.com/mop/nagashima
🔍 미츠이 아웃렛 파크 재즈 드림 나가시마

나고야
근교를
가장 멋지게
여행하는
방법

일본의 3대 명천

게로 下呂

#일본3대명천 #가는길도절경 #하루로는아까운

예로부터 '전국 온천 중에서 쿠사츠, 아리마, 게로가 3대 명천이다'
라고 인용된 이래, 게로 온천은 일본을 대표하는 온천 중
하나로 일본 국내외 관광객들에게 꾸준히 사랑받아왔다.
원천은 알칼리성으로 무색투명하고 부드러운 촉감을 자랑하며
혈액순환과 피로 해소, 건강 증진 효과가 있어 한 번만
들어가도 효과를 체감할 수 있다. 구불구불 흐르는 드넓은
히다강을 바라보며 온천을 즐기다 보면 몸과 마음에 쌓인 여행의
피로가 말끔히 가실 것이다.

게로
가는 방법

시라카와고 •   • 다카야마

구조하치만 •   기차 약 45분

           o 게로

기차 약 1시간 50분

      • 이누야마

O 나고야

게로로 가기 위해서는 JR 나고야역에서 다카야마 본선高山本線
특급열차인 '히다Hida, ひだ'를 타야 한다. 미리 히다지 패스 P.074를
구입했다면 문제가 없지만, 그렇지 않다면 JR 나고야역의 유인 판매소인
'Shinkansen and JR Line Tickets'에서 티켓을 구입해야 한다.
자유석과 지정석에 따라 가격이 다르다. 가급적 지정석으로 구매하자.

JR 특급 히다 이용 🏠 jr-central.co.jp

JR 나고야역 ━━━━━━━━━━━━━━━━━━ JR 게로역

🕐 약 1시간 50분 ¥ 자유석 4,170엔, 지정석 4,700엔

JR 다카야마역 ━━━━━━━━━━━━━━━━━ JR 게로역

🕐 약 45분 ¥ 자유석 1,650엔, 지정석 2,280엔

히다행 열차표는
언제 구매해야 할까?

특급 히다 열차표는 당일권 구매도 가능하지만, 성
수기나 주말 오전 표는 일찌감치 매진되는 경우가
많다. 최소 하루, 혹은 2~3일 전에라도 나고야역에
서 미리 구매하는 것을 추천한다.

★ 특급 히다는 나고야역에서 기후역까지 역방향으로 운행
되고, 기후역부터 게로까지 정방향으로 운행된다. 중간
에 일본 승객들이 분주하게 일어나 의자 방향을 바꾼다면 그곳이 바로 기후역이므로 똑같이 따라
하면 된다.

단어만 잘 조합해도 쉽게 표를 살 수 있다!

다음은 매표소에서 흔히 사용하는 단어다. 목적지와 영어 숫자, 그리고 아래 단어
만 잘 조합해도 수월하게 구매할 수 있다.

- **열차표** 🔊 킷푸(きっぷ)
- **지정석** 🔊 시테이세키(指定席)
- **자유석** 🔊 지유세키(自由席)
- **편도** 🔊 카타미치(片道)
- **왕복** 🔊 오우후쿠(往復) or 유키카에리(行き帰り)

게로
추천 코스

게로는 당일치기로 즐기기에 적합하지 않다. 나고야에서 아무리 일찍 출발한다 해도 점심 무렵에나 도착하고, 대부분의 가게가 일찍 문을 닫기 때문이다. 따라서 이왕 나고야에서 멀리 온 김에 온천도 즐기고 맛있는 현지 음식도 즐기는 느긋한 1박 스케줄을 추천한다.

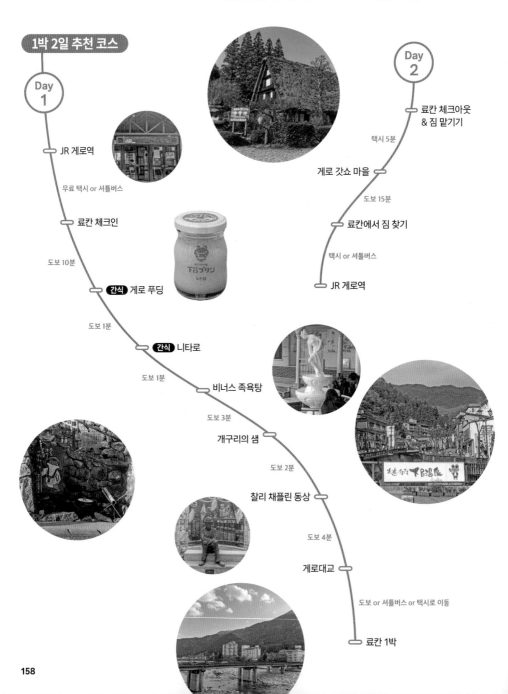

1박 2일 추천 코스

Day 1

JR 게로역

무료 택시 or 셔틀버스

료칸 체크인

도보 10분

간식 게로 푸딩

도보 1분

간식 니타로

도보 1분

비너스 족욕탕

도보 3분

개구리의 샘

도보 2분

찰리 채플린 동상

도보 4분

게로대교

도보 or 셔틀버스 or 택시로 이동

료칸 1박

Day 2

료칸 체크아웃 & 짐 맡기기

택시 5분

게로 갓쇼 마을

도보 15분

료칸에서 짐 찾기

택시 or 셔틀버스

JR 게로역

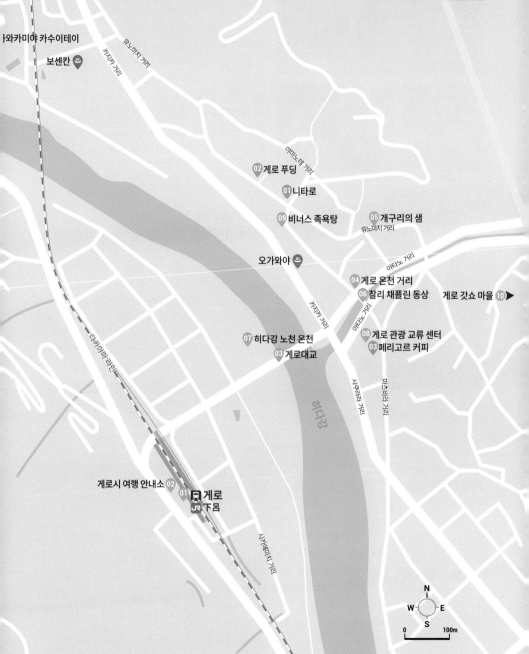

게로
상세 지도

와카미야 카수이테이

보센칸

유노마치 거리

카지카 거리

02 게로 푸딩

01 니타로

09 비너스 족욕탕

05 개구리의 샘

유노마치 거리

아마노테 거리

오가와야

아타노 거리

04 게로 온천 거리

06 찰리 채플린 동상

게로 갓쇼 마을 **10**

카지카 거리

아타노 거리

07 히다강 노천 온천

03 게로대교

히다강

08 게로 관광 교류 센터

03 페리고르 커피

사쿠라라 거리

미츠바리 거리

다카야마 라인

게로시 여행 안내소 **02**

01 게로
JR 下呂

사카에마치 거리

N

W ← → E

S

0   100m

게로 관광의 시작 ⋯⋯⋯ ①
JR 게로역 JR下呂駅

JR 나고야역과 JR 다카야마역을 잇는 다카야마 본선의 중간 기착지. 열차 도착 시간이 되면 각 료칸의 유니폼을 입은 담당자들이 일제히 자신의 료칸명을 외치며 손님을 안내하는 진풍경을 볼 수 있다. 대부분의 료칸이 무료 셔틀버스 혹은 무료 택시 서비스를 제공하므로, 셔틀버스를 이용할 경우 자신이 예약한 료칸 이름이 새겨져 있는지 확인하고, 택시를 탈 경우 료칸명을 말하면 알아서 데려다주고 료칸에서 요금을 지불한다.

🚶 JR 나고야역에서 다카야마 본선 특급 히다 탑승 후 약 1시간 50분
📍 岐阜県下呂市幸田1390 🕐 07:00~19:30 🏠 railway.jr-central.co.jp/station-guide/tokai/gero 🔎 게로역

게로 온천의 모든 정보가 여기에 ⋯⋯⋯ ②
게로시 여행 안내소 下呂市総合観光案内所

게로 온천에 관련된 모든 정보를 얻을 수 있는 곳. 게로역에서 나오자마자 오른쪽에 은색 배경의 거대한 '게로 온천下呂温泉'이라는 붉은 글자가 보인다면 바로 그곳이다. 게로 온천 지도를 비롯한 다양한 안내 팸플릿, 이벤트와 교통 정보 등을 얻을 수 있다. 게로 온천의 료칸들은 대부분 낮 동안 1일 입욕('히가에리 온센'이라고 한다)을 운영하는데, 이곳에서 료칸 세 곳의 대욕장을 이용할 수 있는 할인 쿠폰을 판매하니 참고하자.

🚶 JR 게로역 바로 앞 📍 岐阜県下呂市幸田1357 🕐 08:30~17:30
📞 +81-576-25-4711 🏠 www.city.gero.lg.jp/site/kanko/
🔎 Gero City Tourist Information Center

게로 온천 최고의 포토 스폿 ⋯⋯⋯ ③
게로대교 下呂大橋

게로역에서 료칸이 모여 있는 온천 거리로 가기 위해 반드시 건너야 하는 다리. 넓은 히다강과 어우러진 게로 온천의 멋진 풍경을 감상할 수 있다. 해 질 녘 풍경이 특히 아름다우니, 료칸에서 온천 거리로 산책을 나왔을 땐 이곳까지 꼭 나와보자. 다리 양쪽 풍경이 각각 다르므로, 갈 때와 올 때 서로 다른 길로 걸어보길 권한다. 참고로 히다강 노천 온천 풍경을 카메라에 담고자 한다면 게로대교 위에서 찍는 것이 제일 예쁘다.

🚶 JR 게로역에서 도보 5분 📍 岐阜県下呂市森1081
🔎 게로대교

신나는 골목 탐방 ────④

게로 온천 거리

게로 온천 신사를 중심으로 히다강까지 이어지는 개울을 따라 아기자기하게 뻗어 있는 거리. 찰리 채플린의 방문을 기념하는 동상, 다양한 족욕탕과 디저트 가게, 온천 박물관, 개구리('게로'는 '개굴'이란 의성어와 발음이 같다)의 샘 등 아기자기한 점포와 명소가 어우러져 있다. 늦은 오후가 되면 료칸의 유카타를 입고 다니는 사람들을 볼 수 있다. 저녁이 되면 거리를 따라 늘어선 등롱이 일제히 불을 밝히는데, 고즈넉하고 운치 있는 풍경을 연출한다.

🚶 JR 게로역에서 도보 9분 📍 게로 온천 신사

개구리 조형물 위로
귀엽게 떨어지는 물방울 ······⑤
개구리의 샘 かえるの滝

게로 온천 거리의 상징 중 하나. 게로를 대표하는 개구리 모양의 조형물과 작은 샘이 마련되어 있다. 샘 주변 길에는 개구리와 꽃잎 모양의 장식이 박혀 있어 재미를 더한다. 근처 주택에도 집주인들이 솜씨를 뽐낸 각종 조형물이나 장식이 전시되어 있는데, SNS에 올리기에 안성맞춤이다.

🚶 JR 게로역에서 도보 11분 📍 岐阜県下呂市湯之島745-2
🔍 745-2 Yunoshima

게로 온천에서 만나는 '키드' ······⑥
찰리 채플린 동상 チャップリン像

2001년 게로에서 열린 찰리 채플린 영화제를 기념하고자 세운 조형물. 할리우드 작가에게 직접 의뢰해 제작했으며, 영화 〈키드〉의 한 장면을 재현했다. 게로에서 제일 인기 있는 포토 존 중 하나이며, 특히 커플이 채플린을 사이에 두고 사진을 찍으면 결혼까지 이어진다는 이야기가 있어 성수기나 주말에는 사진 촬영을 위한 대기 줄이 생길 정도다.

🚶 JR 게로역에서 도보 8분 📍 岐阜県下呂市森1089
🔍 찰리 채플린 동상

강 위로 피어오르는 온천 수증기 ······⑦
히다강 노천 온천 下呂温泉 噴泉池

게로 온천의 명물 중 하나. 24시간 개방하는 야외 무인 온천으로, 강물과 자연스럽게 섞이면서 온도가 조절된다. 예전에는 수영복 착용을 통한 입욕이 허용되었지만, 코로나 이후 관광객이 다시 몰리면서 족욕만 할 수 있도록 바뀌었다. 무인 온천이기 때문에 수건은 직접 준비해야 한다. 강우나 폭우 등으로 히다강 수위가 높아지면 폐쇄되며, 매일 아침 7~8시에는 청소를 하니 참고해서 방문하자.

🚶 JR 게로역에서 도보 5분 📍 岐阜県下呂市幸田 🕐 24시간
¥ 무료 📞 +81-576-24-2222 🔍 게로 노천 온천

게로 관광 교류 센터 下呂市観光交流センター

약 1,390㎡(420평) 부지에 노송나무와 삼나무로 지은 모던
한 건물로, 게로 온천 관광 정보를 얻을 수 있다. 게로역 앞
여행 안내소가 고전적인 느낌이라면, 이곳은 여러 체험 코스
의 안내와 신청, 지역 내 공방 및 아티스트와의 연계 등 좀 더
젊은 감각으로 운영된다. 무료 와이파이를 제공하며, 자전거
렌털도 가능하다. 또 지진 등의 재해가 있을 때는 방재 센터
로도 운영되니 참고하자.

🏃 JR 게로역에서 도보 8분 📍 岐阜県下呂市森1075-9
🕐 09:00~17:30 📍 Gero City Tourism & Cultural Center

비너스 족욕탕
ビーナスの足湯

하얀 유럽풍 외관이 인상적인 공용 온천, '백로의 탕(白鷺乃湯, 시라사기노유 온센)'
부속 시설. 하얀 비너스 동상이 워낙 인상 깊기 때문에 원래의 시설보다 족탕이 더
유명해졌다. 동그랗게 삼삼오오 모여 발을 담그고 있는 사람들의 모습은 게로 온천
거리를 대표하는 풍경 중 하나다. 근처 가게에서 파는 푸딩이나 아이스크림을 먹으
며 즐기는 족욕은 그야말로 신선놀음이다.

🏃 JR 게로역에서 도보 11분 📍 岐阜県下呂市湯之島856-1 🕐 10:00~21:00 ❌ 수 ¥ 무료
📞 +81-576-25-2462 🏠 www.gero-spa.or.jp/ashiyu 📍 Venus no Ashiyu

게로 갓쇼 마을 下呂温泉合掌村

일본의 옛 산악 마을을 재현한 민속촌. 갓쇼즈쿠리 양식의 집 등을 보기 위해 항상 문전성시를 이루는 시라카와고와 달리 여유롭게 구경할 수 있다. 민속품 전시관과 공예품 공방도 있으며, 오전에는 주차장에서 동네 아침 시장이 작게 열리기 때문에 함께 구경하는 재미가 있다. 시설 내부에서 오리를 놓아 기르는데, 사람과 친숙해서 가까이 와 먹이를 달라고 부리로 귀엽게 조르곤 한다 (먹이 유료 판매 100엔).

🚶 JR 게로역에서 도보 25분 or 택시 5분　📍 岐阜県下呂市森2369
🕐 08:30~17:00(입장 마감 16:30)　❌ 연중무휴(연말연시 단축 영업)
💴 성인 800엔, 중학생 이하 400엔　📞 +81-576-25-2239
🏠 www.gero-gassho.jp/lg_ko　🔍 게로 갓쇼 마을

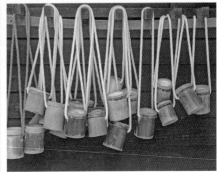

현대식으로 해석한 기후현의 화과자 ...... ①
니타로 NITAROU

화과자 디저트 전문점. 일본식 떡과 조청, 젠자이(단팥죽), 양갱과 당고부터 와플 소프트아이스크림이나 몽블랑 아이스크림까지 맛볼 수 있어 단것을 좋아하는 사람에겐 천국 같다. 밤으로 유명한 기후현이니 가급적 밤 관련 디저트를 즐겨보자. 이곳은 특히 빨리 문을 닫기 때문에 스케줄에 포함했다면 서두르는 것이 좋다.

🍴 몽블랑 소프트아이스크림 1,000엔, 팥경단 1개 220엔, 와라비모찌 550엔 🚶 JR 게로역에서 도보 12분 📍 岐阜県下呂市湯之島547-7
🕐 평일 09:30~16:00, 주말 & 공휴일 09:30~16:30 ❌ 목
📞 +81-576-74-1877 🏠 www.instagram.com/nitarou_yunoshima
🔎 NITAROU(Produced by 仁太郎)

진하고 탱글한 정통파 푸딩 ...... ②
게로 푸딩 下呂プリン

게로 온천 최초의 푸딩 전문점. 멀리서부터 보이는 커다란 초록색 개구리가 굉장한 존재감을 뽐낸다. 천연 바닐라와 일본산 달걀과 우유만 사용하며 모든 조리는 수작업으로 이루어진다. 눈을 사로잡는 형형색색의 푸딩이 있지만, 처음 방문하는 사람들에겐 기본에 충실한 '게로 푸딩'이나 '게로 푸딩 레트로'를 추천한다.

🍴 게로 푸딩 400엔, 게로 커피 푸딩 450엔, 게로 말차 푸딩 450엔
🚶 JR 게로역에서 도보 13분 📍 岐阜県下呂市湯之島545-1
🕐 10:00~17:00 ❌ 수 📞 +81-576-74-1771
🏠 www.gero-purin.com 🔎 Gero Pudding

온천 마을에서 즐기는 로스팅 커피 한잔 ...... ③
페리고르 커피 自家焙煎珈琲工房 Pèrigord

로스팅 커피 전문점. 가게에서 직접 로스팅한 여러 종류의 커피 원두를 살 수도 있고, 가게 안팎에 놓인 의자에서 커피를 즐길 수도 있다. 오리지널 핫 샌드도 별미. 관광객보다 현지인이 많이 찾는데, 특히 웬만한 맛집이 아니면 방문하지 않는 장거리 트럭 운전사들이 일부러 들러 사 들고 가는 것을 보면 이곳의 커피 퀄리티에 대한 신뢰도가 높음을 짐작할 수 있다.

🍴 아메리칸 커피 400엔, 파라다이스 프리미엄 커피 420엔, 구운 달걀 감자 샐러드 핫 샌드위치 610엔 🚶 JR 게로역에서 도보 9분 📍 岐阜県下呂市森
1065-2 🕐 09:00~18:00 ❌ 화 📞 +81-576-25-5350
🏠 perigord-coffee.com 🔎 Perigord Coffee Roasters

여행의 피로를 녹여줄
게로 온천 숙소

효고현의 아리마 온천, 군마현의 쿠사츠 온천과 함께 일본의 3대 온천으로
꼽히는 게로 온천. 부드러운 온천수가 특징인 알칼리성 수질로
미인 온천이라고도 불린다. 몸에 좋은 물에 몸을 담그며 온전한 휴식을 누려보자.

오가와야 小川屋

게로 최대 규모의 온천 료칸. 무려 5개의 대욕탕과 9개의 전세탕을 갖추었으며, 2015년부터 2018년에 걸쳐 대부분의 시설을 대대적으로 리뉴얼한 덕에 모던하고 깔끔한 시설을 자랑한다. 규모가 큰 만큼 객실 또한 다양한데, 콤팩트한 2인용 침대방부터 아늑한 다다미 방, 전세 욕탕이 포함된 모던한 호화 객실까지 갖추었다. 특히 히다강이 보이는 방들의 뷰는 절로 경탄을 자아내며, 강 건너 석양에 물든 풍경을 보면 자신도 모르게 셔터를 누르게 된다. 가이세키를 포함한 모든 요리는 기후현에서 난 식식재료를 사용하며, 석식 역시 객실만큼 다양하게 운영해 예약할 때 자신에게 맞는 양과 가격을 선택할 수 있다.

ⓒ오가와야

🏃 JR 게로역에서 도보 7분, JR 게로역에서 무료 택시(12:00~14:00·17:00~18:34 승차 기준), 무료 셔틀버스(14:00~16:30 승차 기준) 승차 📍 岐阜県下呂市湯之島570 🕐 체크인 15:00~18:00/ 체크아웃 11:00 📞 +81-576-25-3121
🏠 www.gero-ogawaya.net 🔎 게로 온천 오가와야

©보센칸

©보센칸

보센칸 望川館

게로에서 퀄리티 대비 가성비가 가장 뛰어난 료칸. 시설이 조금 낡은 느낌이 들지만, 언제나 깔끔하게 관리하기 때문에 오히려 레트로한 운치를 즐길 수 있다. 히다강을 향해 툭 튀어나온 지형에 자리해 게로의 많은 료칸 중에서도 압도적인 풍광을 자랑한다. 이곳의 자랑은 약 3,636㎡(1,100평)에 달하는 일본식 정원으로, 사계절 각각의 풍광을 느긋하게 감상하거나 로비에 마련된 거대한 통유리창을 통해 한가로이 즐길 수 있다. 또 다른 자랑거리는 여성 대욕장으로 드넓은 실내탕과 실외탕은 물론, 아이와 함께 입욕할 수 있는 깊이와 아이 사이즈에 맞춘 깊이도 마련되어 있다.

🏃 JR 게로역에서 도보 16분, JR 게로역에서 무료 택시 (12:00~14:00·17:00~18:34 승차 기준), 무료 셔틀버스 (14:30·15:00·15:30·16:45 승차 기준) 승차
📍 岐阜県下呂市湯之島190-1 🕐 체크인 15:00/ 체크아웃 10:00 📞 +81-576-25-2048
🏠 www.bosenkan.co.jp 🔎 게로 온센 보센칸

카와카미야 카수이테이 川上屋花水亭

작은 대나무 숲에 둘러싸인 고전미 넘치는 전통식 료칸으로 창업 100주년을 목전에 두고 있다. 2024년에 일반 객실을 산뜻하게 리뉴얼해 고풍스러운 분위기와 세련된 느낌을 동시에 즐길 수 있다. 이곳의 대욕탕은 가수나 가온, 순환을 절대 하지 않는 것으로 유명하며, 갓 솟아오른 최고 79℃의 원천을 41~42℃로 식힌 후 대욕장에 흘려보낸다. 식사에 사용하는 모든 쌀은 기후현 히다에서 재배한 것으로, 화학 비료를 사용하지 않고 저농약으로 기른 것을 사용하는데, 단단하면서도 찰진 식감을 자랑한다. 다른 료칸에 비해 작고 아담하지만, 그만큼 휴식을 조용히 즐길 수 있어 게로에 2박 이상 머물고자 할 때 추천한다.

🏃 JR 게로역에서 도보 18분, JR 게로역에서 무료 택시 (14:00~18:34 승차 기준) 승차
📍 岐阜県下呂市湯之島30
🕐 체크인 14:00~18:00/체크아웃 11:00
📞 +81-576-25-5500
🏠 www.kawakamiyakasuitei.jp
🔎 카와카미야 카수이테이

©카와카미야 카수이테이

©카와카미야 카수이테이

작은 교토

다카야마 高山

#교토보다훨씬여유로움 #소고기맛집천국
#위장조심지갑조심

제2차 세계대전의 포화에 휩싸인 나고야와 달리,
산속에 자리한 다카야마는 별다른 피해를 입지 않았다.
그 덕분에 옛 건축물들이 고스란히 보존되었고 '작은 교토'라
불리며 전 세계 관광객들을 불러 모으고 있다. 전국에서
유일하게 남아 있는 에도 시대 관청, 최소 창업 100년이 넘은
노포, 200년이 훌쩍 넘은 양조장 등을 보고 있으면
타임머신을 타고 과거로 돌아간 듯한 느낌이 든다.

다카야마
가는 방법

나고야에서 다카야마로 가려면 JR 특급 히다를 타거나 메이테츠 버스 센터에서
JR 도카이 버스, 메이테츠 버스, 노히 버스 중 하나를 타고 가면 된다.
주부 센트레아 국제공항에서 바로 다카야마로 넘어간다면 뮤스카이를 타고
JR 나고야역이나 메이테츠 버스 센터로 가서 갈아타면 된다.

JR 특급 히다 이용 🏠 jr-central.co.jp

JR 나고야역 ─────────────────────────── JR 다카야마역
🕐 약 2시간 30분 ¥ 자유석 5,610엔, 지정석 6,140엔

JR 게로역 ─────────────────────────── JR 다카야마역
🕐 약 50분 ¥ 자유석 1,650엔, 지정석 2,280엔

나고야에서 어떻게 갈까?
- **철도** 게로 가는 법과 완전히 동일하다(게로 가는 방법 P.157). 게로행 대신 다카야마행으로 끊으면 된다. JR 나고야역에서 JR 다카야마역까지는 2시간 30분 정도 걸린다.
- **버스** 쇼류도 패스를 이용하거나 버스 티켓을 끊어서 간다면, 나고야역 메이테츠 버스 센터로 가면 된다(나고야역 완벽 분석 P.086). 유인 판매소에서 다카야마노히행高山濃飛バスセンター行 티켓을 끊으면 된다. 플랫폼에도 동일한 사인이 뜬다. 다카야마까지는 2시간 50분 정도 소요되며, 요금은 2,400엔이다.

게로에서 어떻게 갈까?
- **철도** 게로역까지 타고 온 특급 히다를 다시 타고 다카야마까지 가면 된다. 게로에서 하루 숙박한 후 다카야마로 간다면, 게로에 도착한 바로 다음 날 이동할 표를 미리 구매해두자. 게로에서 다카야마까지는 50분 정도 걸린다.

다카야마
추천 코스

다카야마는 '작은 교토'답게 당일치기만으로도 충분히 즐길 수 있다. 다만 미야가와 아침 시장을 방문하려면 다카야마역 혹은 다카야마노히 버스 센터에 아침 일찍 도착하도록 미리 일정을 짜거나, 게로나 시라카와고를 관광한 뒤 다카야마에 늦게 도착해 1박한 뒤 다음 날 아침 일찍 나서는 일정을 추천한다.

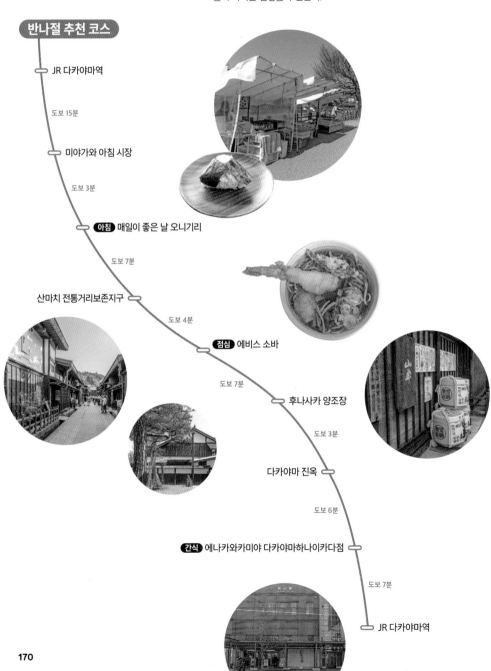

반나절 추천 코스

- JR 다카야마역
  - 도보 15분
- 미야가와 아침 시장
  - 도보 3분
- **아침** 매일이 좋은 날 오니기리
  - 도보 7분
- 산마치 전통거리보존지구
  - 도보 4분
- **점심** 에비스 소바
  - 도보 7분
- 후나사카 양조장
  - 도보 3분
- 다카야마 진옥
  - 도보 6분
- **간식** 에나카와카미야 다카야마하나이카다점
  - 도보 7분
- JR 다카야마역

다카야마
상세 지도

04 매일이 좋은 날 오니기리

05 미야가와 아침 시장

다카마야 쇼와관

에비스 소바 03

이와토야 05

야나기바시 다리 •

사카구치야 02

산마치 전통거리보존지구 06

02 다카야마노히 버스 센터

06 에나카와카미야
다카야마하나이카다점

코레오 01
미피의 간식집 히다다카야마점 02

03 다카야마 관광 안내소

01 히다타쿠마

후나사카 양조장 03
하라다 양조장 •

01 🚌🚃 다카야마
동
高山

나카바시 다리 •

히로코지 거리

다카야마 진옥 04

N
W ⊕ E
S

0   100m

171

JR 다카야마역 高山駅

JR 다카야마 본선의 중심 역. '장인 거리'라 불리는 역내 동서를 잇는 통로에는 축제에서 사용하는 거대한 수레가 전시되어 있어 관광도시 다카야마의 진면목을 보여준다. 모든 관광지와 호텔은 동쪽 출구(東口, 히가시구치)에 있으며, 시라카와고행 버스가 출발하는 다카야마노히 버스 센터는 동쪽 출구에서 북쪽으로 1분 거리, 관광 안내소는 동쪽 출구 앞 광장에 자리한다.

🚶 JR 나고야역에서 다카야마 본선 특급 히다 승차 후 약 2시간 30분 📍 岐阜県高山市昭和町1丁目22-2 🕐 06:00~20:50
🏠 railway.jr-central.co.jp/station-guide/tokai/takayama
🔎 Takayama Station

다카야마노히 버스 센터 高山濃飛バスセンター

각 관광지로 향하는 '노히 버스'의 출발지. 게로와 시라카와고, 교토를 거쳐 오사카까지도 노선이 뻗어 있다. 다카야마와 시라카와고를 묶어서 여행할 경우, 반드시 들러야 하는 곳이기도 하다. 게로행 버스는 1번 홈, 시라카와고행 버스는 4번 홈, 나고야행 버스는 6번 홈에 주로 정차하니 참고하자. 코인 로커부터 영어 구사 가능한 투어를 예약할 수도 있고, 히다다카야마의 특산품과 식료품까지 판매해 심심하지 않게 시간을 보낼 수 있다.

🚶 JR 다카야마역에서 도보 1분 📍 岐阜県高山市花里町6丁目125
📞 +81-577-32-1688 🏠 www.nouhibus.co.jp/korea
🔎 다카야마노히 버스 센터

다카야마 관광 안내소 飛騨高山観光案内所

JR 다카야마역 동쪽 광장 가운데 자리한 서비스 시설. 다카야마 시내는 물론 기후현의 관광 명소와 음식점, 교통 등의 정보를 제공한다. 히다지 패스를 이용해 관광할 경우, 지역 경제를 활성화하기 위해 1인당 2,000엔의 '기후 여행 코인岐阜旅コイン'을 제공하는데, 이 코인을 사용하려면 전용 앱을 설치해야 한다. 다카야마 관광 안내소에서 이 앱의 설치 및 사용법을 알려주니 히다지 패스 이용자는 꼭 들러보자.

🚶 JR 다카야마역 바로 앞 📍 岐阜県高山市花里町5丁目51
🕐 08:30~17:00 📞 +81-577-32-5328
🔎 히다타카야마 관광 안내소

잘 보존된
에도 시대 관청 ····· ④
다카야마 진옥 高山陣屋

에도 막부 시대부터 메이지 시대까지 176년간 행정, 재판, 치안 등의 업무를 담당하던 관청. 온전히 보전되어 있는 에도 막부 행정관청 건물은 전국에서 다카야마 진옥이 유일하다(지정 국가사적지). 구역마다 자세한 설명이 붙어 있어 당시에 살던 다양한 계급 사람들의 생활상을 엿볼 수 있다. 내부를 관람하려면 신발을 벗어야 하는데 현장에서 봉투를 제공하지만 다른 이들이 사용한 물건이므로 비닐봉지 등을 챙겨 가면 좋다.

🚶 JR 다카야마역에서 도보 10분
📍 岐阜県高山市八軒町1丁目5
🕐 4~10월 08:45~17:00
(입장 마감 16:30), 11월~다음 해 3월
16:30(입장 마감 16:00)
¥ 성인 440엔, 고등학생 이하 무료
📞 +81-577-32-0643
🏠 jinya.gifu.jp
🔍 다카야마 진옥

다카야마의 아침을 여는 곳 ······ ⑤

미야가와 아침 시장

飛驒高山宮川朝市

다카야마를 관통하는 아름다운 강인 미야가와강변을 따라 아침마다 열리는 시장. 현지 주민을 위한 농산물과 과일은 물론, 관광객을 위한 다양한 기념품과 디저트, 커피 등을 판매한다. 생각보다 볼거리와 먹을거리가 많기 때문에 시간 가는 줄 모르고 푹 빠져들 수 있다. 각 점포와 가판대는 오전 11시부터 철수하는데, 12시가 넘으면 북적이던 사람들이 약속이나 한 듯 순식간에 사라진다.

🚶 JR 다카야마역에서 도보 14분　📍 岐阜県高山市下三之町
🕐 4~11월 07:00~12:00, 12월~다음 해 3월 08:00~12:00
📞 +81-80-8262-2185　🏠 www.asaichi.net/language/korea.html
🔎 미야가와 아침 시장

산마치 전통거리보존지구

飛騨高山古い町並 三町伝統的建造物群保存地区

에도 시대의 상점가 모습 그대로 잘 보존된 예스러
운 거리. 다카야마가 '작은 교토'라 불리게 된 계기를
마련한 곳이기도 하다. 과자, 떡집, 골동품 가게, 다
다미, 문방구, 음식점과 잡화점, 양조장 등 수많은 점
포가 있으며, 전 세계에서 몰려온 관광객으로 사시
사철 붐빈다. 주변에도 많은 가게가 들어서 있어, 끝
없이 이어진 아케이드를 보노라면 다카야마가 세계
적인 관광도시임을 실감하게 된다.

🚶 JR 다카야마역에서 도보 12분
📍 岐阜県高山市上一之町
🏠 www.hidatakayama.or.jp/spot/detail_1101.html
🔍 산마치 전통거리보존지구

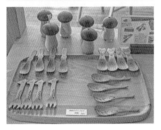

따뜻한 가게, 따뜻한 제품 ······ ①
코레오 COREO

목제 가구 및 인테리어 잡화 전문점으로 나를 위한 선물을 사기에 안성맞춤이다. 가게에 들어서는 순간부터 향긋한 나무 향을 맡을 수 있다. 별다른 칠 작업 없이 나뭇결이나 색깔 등 소재 자체에 집중하기 때문에 모든 제품이 컬러풀하다는 착각이 들게끔 한다. 그 밖에도 기후현의 다른 공방 및 아티스트와 연계해 만든 도기 등을 판매하기도 한다.

🚶 JR 다카야마역에서 도보 10분
📍 岐阜県高山市本町2丁目8
🕐 월~수 10:30~18:00, 금~일 10:30~17:30
❌ 목 📞 +81-577-54-1885
🏠 coreo.club 🔍 COREO

어린이도 어른도 모두 미피의 세계로 ······ ②
미피의 간식집 히다다카야마점
みっふぃー おやつ堂 飛騨高山店

네덜란드의 유명 캐릭터 '미피Miffy'를 테마로 한 간식 전문점. 2022년 8월에 문을 연 따끈따끈한 신상 명소다. 미피 팬이라면 탐날 만한 물건으로 가득한데, 어린이는 물론 성인도 감탄할 만큼 귀여운 인테리어로 꾸며져 있다. 여러 종류의 과자와 잡화, 특히 미피 캐릭터에 일본 전통 요소를 접목한 오리지널 장식품이나 인형이 인기 높고, 미피가 앉아 있는 가게 앞 벤치는 함께 사진을 찍으려는 사람들로 늘 북새통을 이룬다.

🚶 JR 다카야마역에서 도보 11분
📍 岐阜県高山市上三之町23
🕐 3월 6일~12월 5일 09:30~17:30,
　 12월 6일~다음 해 3월 5일 09:30~17:00
📞 +81-577-36-0333
🏠 miffykitchenbakery.jp/oyatsudo
🔍 Takayama Miffy

일본 술 뷔페 ⋯⋯ ③
후나사카 양조장 舩坂酒造店

다카야마 산마치 거리에 자리한 이곳은 전통 방식으로 사케를 제조하는 양조장이다. 200년이 넘는 역사를 지니고 있으며, 코인 사케 시음장도 있어 산마치 거리에서 가장 유명한 관광 & 쇼핑 스폿이다. 교환기에서 전용 코인을 구입한 후(코인 하나당 100엔이지만, 여러 개를 구입할수록 보너스가 붙는다), 1코인 가챠머신을 통해 뽑은 술잔을 이용해 코인을 지불해가면서 다양한 사케를 1잔 단위로 시음할 수 있다. 시음한 술이 마음에 들면 술병에 붙은 번호를 기억했다가 숍에서 해당 번호의 매대를 찾아가면 된다. 동서양 관광객이 벌겋게 취한 얼굴로 즐겁게 시음을 즐기는 모습은 이곳의 명물이다.

🚶 JR 다카야마역에서 도보 11분   📍 岐阜県高山市上三之町105   🕐 08:30~18:00
📞 +81-577-32-0016   🏠 www.funasaka-shuzo.co.jp   🔎 후나사카 양조장

히다규 전문 고급 레스토랑 ····· ①
히다타쿠마 飛騨琢磨

A-5 등급(최고급) 히다규만 취급하며, 생고기까지 판매할 정도로 히다규에 특화된 고급 레스토랑. 매일매일 다른 개체 식별 번호의 고기만 취급하며, 히다규 외의 식재료도 주변 산지에서 엄선한 상품만 사용한다. 나고야 TV 같은 지역 방송부터 TV 도쿄 같은 전국구 방송까지, 여러 방송에 소개된 적이 있을 정도로 유명하다. 히다규 요리를 제대로 즐겨보고 싶다면 큰맘 먹고 방문해보면 어떨까? 런치타임을 노리는 것도 좋다.

🍴 런치 히다규동 2,300엔, 히다규 서로인
스테이크 정식 4,800엔, 디너 히다규 미소 구이
5,500엔, 히다규 스키야키 5,300엔
🏃 JR 다카야마역에서 도보 4분
📍 岐阜県高山市天満町5丁目1
🕐 11:00~13:00, 17:00~20:00
📞 +81-577-35-1341
🏠 hidatakuma.com 🔍 히다타쿠마

명물 히다규 스시 ····· ②
사카구치야 坂口屋

히다규 전문 레스토랑. 가게 앞은 언제나 히다규 스시를 테이크아웃하려는 사람들로 문전성시를 이룬다. 식당 안은 바깥과 달리 굉장히 차분한 일본식 가게인데, 정통 히다규 스테이크나 히다규 미소 구이 등도 있지만, 의외로 히다규 카레라이스가 인기라서 카레 향이 여기저기서 풍겨온다. 바깥에서 히다규 스시만 사 먹어도 좋고, 식당 안에서 식사를 즐겨도 좋다. 어느 쪽이든 혀 위에서 살살 녹는 일품 소고기 풍미를 느낄 수 있다.

🍴 히다규 초밥 2개 799엔, 히다규 미소 구이 정식 3,900엔, 히다규 스테이크 덮밥 1,950엔, 히다규 카레라이스 1,400엔 🏃 JR 다카야마역에서 도보 12분 📍 岐阜県高山市上三之町90 🕐 11:00~15:00(L.O. 14:30) ❌ 화 📞 +81-577-32-0244 🏠 hidatakayama-sakaguchiya.com/ 🔍 사카구치야(sakaguchiya)

미쉐린 스타 소바 전문점의 위엄 ⋯⋯ ③

에비스 소바 手打ちそば恵比寿

1898년부터 4대째 영업하고 있는 소바 전문점. 모든 면은 직접 손으로 반죽해 만든다. 자리에 앉으면 국적을 물어본 뒤 따뜻한 면수와 함께 소바 먹는 법이 쓰인 가이드를 제공하는데 한국어 버전도 있다. 물이 맑고 좋기로 유명한 히다다카야마 지방의 소바답게 툭툭 끊어지면서도 거친 느낌의 정통 소바를 즐길 수 있다. 미쉐린 스타를 획득해 가이드에 등재된 적이 있는 유명한 식당인 만큼, 성수기나 주말엔 조금만 늦게 가도 대기 줄이 길게 늘어서기 일쑤다.

🍴 자루 소바 튀김 세트 1,880엔, 가케 소바 튀김 세트 1,880엔, 텐푸라 소바 1,500엔
🏃 JR 다카야마역에서 도보 14분
📍 岐阜県高山市上二之町46
🕐 11:00~15:00(L.O. 14:45) ❌ 화(공휴일인 경우 다음 날) 📞 +81-577-32-0209
🏠 lit.link/en/ebisusoba
🔍 Ebisu Soba Takayama

갓 나온 따끈따끈한 주먹밥 ……④
매일이 좋은 날 오니기리 日々是好日

오전에만 영업하는 인기 만점 일본식 주먹밥, 오니기리 전
문점. 아침 시장을 구경하다 보면 먹음직스러운 오니기리
를 손에 든 사람들을 심심치 않게 볼 수 있는데, 바로 이곳
에서 살 수 있다. 사장님이 언제나 활기찬 미소를 띠며 손
님들을 즐겁게 해주는 것이 인상적이다. 미야가와 아침 시
장을 돌아보기 전이나 후 먹는 것을 추천하며, 주먹밥과
함께 먹을 수 있는 음료도 판매한다. 점포 내 취식 가능.

✖ 다시마 오니기리 250엔, 참치 오니기리 250엔, 명란
오니기리 300엔 ✖ JR 다카야마역에서 도보 16분
📍 岐阜県高山市下三之町70-2 🕐 08:00~12:00
📞 +81-577-32-6055 🏠 www.instagram.com/
hibikoretakayama 🔎 Onigiri Shop Hibi

몽글몽글 최고급 솜사탕의 세계 ……⑤
이와토야 岩ト屋

일본산 최고급 설탕만 사용해 솜사탕을 만드는 가게. 알록달록한 솜사탕을
주문 즉시 직접 만드는데, 인공 착색료나 향료는 절대 사용하지 않고 천연
색소만 사용한다. 압축해서 예쁘게 포장한 패키지 상품도 판매한다. 가게
안에서 먹을 수도 있지만, 갓 나온 솜사탕이 먹기 아까울 정도로 예쁘기 때
문에 파란 하늘이나 산마치 전통 거리를 배경으로 사진부터 찍는 것을 추
천한다.

✖ 플레인 솜사탕 480엔, 딸기 우유 솜사탕 580엔,
말차 라테 솜사탕 580엔 ✖ JR 다카야마역에서
도보 12분 📍 岐阜県高山市上三之町79-2
🕐 10:00~16:00 ❌ 화 📞 +81-577-36-0102
🏠 www.iwatoya-takayama.com
🔎 Iwatoya Takayama

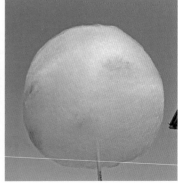

에나카와카미야 다카야마하나이카다점

恵那川上屋 高山花筏店

100년이 넘은 노포로 히다규와 함께 기후현 명물 중 하나인 밤으로 만든 화과자 전문점이다. 메뉴 중 밤으로 만든 화과자인 쿠리킨톤과 오리지널 메뉴인 '다카야마 몽블랑'이 제일 인기 있다. 단순히 밤 과자를 제조·판매만 하는 것이 아니라, 기후현의 도노東濃 지역에서 생산자들과 함께 흙 만들기부터 밤나무 재배, 상품 출하 등을 모두 함께 진행한다. 매장을 카페처럼 꾸며 놓아서 점내 취식도 가능하다.

🍴 다카야마 몽블랑 1,210엔(드링크 세트 1,408엔),
밤 디저트 시식 세트 748엔(드링크 세트 957엔)
🚶 JR 다카야마역에서 도보 7분
📍 岐阜県高山市花川町46-2
🕐 09:00~17:00 📞 +81-577-37-2002
🏠 www.enakawakamiya.co.jp
🔍 Enakawakamiya Takayamahanaikadaten

유네스코 세계문화유산

시라카와고 白川郷

#유네스코세계문화유산 #겨울풍경맛집 #일본전통마을

기후현은 겨울이 길고 눈이 많이 내린다. 그런 날씨에
적응하기 위해 만든 건축 양식이 바로 '갓쇼즈쿠리合掌造り'인데,
시라카와고에는 바로 이 갓쇼즈쿠리 양식으로 지은
몇백 년 된 집들이 고스란히 보존되어 있다. 시라카와고는
이런 역사적 가치를 인정받아 1995년 유네스코 세계문화유산으로
등재되었고, 매일 전 세계 관광객들이 몰려든다.

시라카와고
가는 방법

버스 약 1시간
시라카와고 · 다카야마
구조하치만
· 게로
버스 약 2시간 40분
· 이누야마
나고야

시라카와고는 기차로는 갈 수 없고 오로지 버스나 렌터카를 통해서만 가능하다.
한겨울과 한여름 성수기에는 관광객이 많이 몰리기 때문에 이때 방문할 예정이라면
계획을 잘 세워야 한다. 한국에서 예약할 수 있는 나고야 출발 당일치기 투어 상품도
많으니 알아보는 것도 좋다. 클룩 앱이나 네이버 쇼핑 등을 통해 쉽게 검색할 수 있다.

메이테츠 고속버스 이용 🏠 www.meitetsu-bus.co.jp

메이테츠 버스 센터 ──────────────── 시라카와고 버스 터미널
⏱ 약 2시간 40분 ¥ 3,600~4,200엔(날짜에 따라 다름)

다카야마노히 버스 센터 ──────────────── 시라카와고 버스 터미널
⏱ 약 1시간 ¥ 2,800엔

나고야에서 어떻게 갈까?

나고야역 메이테츠 버스 센터에서 출발하는 버스를 타야 한다. 2시간 40분 정도 소요
되며, 휴게소에서 한 번 정차한다(10분). 당일 예약은 성수기가 아니어도 거의 불가능하
니, 하루라도 전에 가서 예약해놓으면 좋다. 그리고 반드시 왕복 표로 예약하자.
나고야에서 시라카와고로 가는 버스(돌아오는 버스 포함)는 하이웨이 버스 사이트를
통해 예약 가능하다.

🏠 **예약 사이트** www.highwaybus.com/gp/inbound/index?lang=KO

예약 방법
① 노선 검색 왼쪽 '아이치현', 오른쪽 '기후현', 이후 '검색' 클릭
② 나고야 - 시라카와고, 가나자와 노선 '선택' 클릭
③ 승차 버스 정류장: 메이테츠 버스 센터(나고야역)
④ 하차 버스 정류장: 시라카와고
⑤ 예약 시작

다카야마에서 어떻게 갈까?

JR 다카야마역 옆에 있는 다카야마노히 버스 센터에서 버스표를 예약할 수 있다. 돌아가는 표도 함께 예약하는 것을 잊지 말자.

다카야마에서 시라카와고로 가는 버스(돌아오는 버스 포함)는 영어로 인터넷 예약을 할 수 있다.

🏠 **예약 사이트** www.nouhibus.co.jp/highwaybus/takaoka_en

예약 방법

① 아래 'Japan Bus Online' 링크 클릭
② 시라카와고에 정차하는 노선 중 원하는 노선을 골라 'Select' 클릭
③ 예약 시작

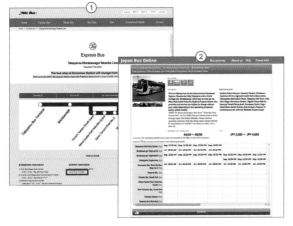

시라카와고
상세 지도

06 시라카와고 전망대

01 시라카와고 버스 터미널

하쿠산 시라카와고 화이트 로드

시라카와고 전망대 셔틀버스 정류장

02 와다 주택

03 칸다 주택

04 나가세 주택

01 전통 찻집 쿄슈

05 시라카와고 갓쇼즈쿠리 민카엔

N
W E
S

0   50m

여행자의 든든한 쉼터 ⋯⋯⋯ ①

시라카와고 버스 터미널

白川郷バスターミナル

대부분의 여행자가 시라카와고 관광을 시작하게 되는 곳. 작은 관광 안내소가 있으며 무료 와이파이를 제공한다. 코인 로커도 있는데, 자리가 없을 경우 안내 창구, 혹은 터미널 뒤에 있는 보관소에 짐을 유료로 보관할 수 있다. 전 세계 관광객으로 늘 북적이니, 인파에 휩쓸리지 않도록 조심하자. 터미널 근처에 소바나 우동을 파는 식당이 몇 곳 있으므로(대개 うどん (우동), そば(소바)가 쓰인 큰 깃발이 걸려 있다) 식사부터 해결해도 좋다.

🚶 나고야역 메이테츠 버스 센터에서 고속버스로 2시간 50분, 다카야마노히 버스 센터에서 고속버스로 55분

📍 岐阜県大野郡白川村荻町1086

🕐 08:30~17:30 📞 +81-577-32-1688

🏠 www.vill.shirakawa.lg.jp/1172.htm

🔎 Shirakawa-go Bus Terminal

와다 주택 和田家住宅

시라카와고에서 마을의 장교, 혹은 감찰관이 살던 곳. 시라카와고에 보존된 갓쇼즈쿠리 양식 가옥 중 규모가 가장 크다. 본채 외에도 화장실과 주변까지 모두 문화재로 지정되어 있다. 1층의 일부와 2층을 공개하는데, 여기서 대대로 사용한 물건을 소개한다. 장교가 살던 집답게 화약 등 유물이 전시되어 있다. 와다 주택 옆면은 시라카와고에서 손꼽히는 포토 스폿이기도 하다.

🚶 시라카와고 버스 터미널에서 도보 3분　📍 岐阜県大野郡白川村荻町山越997
🕐 09:00~17:00　💴 성인 400엔, 초등학생 이하 200엔　📞 +81-5769-6-1058
🏠 www.vill.shirakawa.lg.jp/1279.htm　🔍 와다케

칸다 주택 神田家

와다 주택에서 분가한 가족이 세운 갓쇼즈쿠리 민가로 160년 이상 되었다. 주조업을 했다고 전해지며, 내부에서는 관련 유물을 전시 중이다. 가옥의 구조와 기둥의 배치, 그리고 합장목 개수 등 여러 면에서 시라카와고의 갓쇼즈쿠리 가옥 중 완성도가 가장 높다. 한겨울에 눈이 쌓였을 때 시라카와고에서 카메라에 가장 많이 담기는 장소 중 하나다.

🚶 시라카와고 버스 터미널에서 도보 8분
📍 岐阜県大野郡白川村荻町796
🕐 10:00~16:00　✖ 수(공휴일인 경우 영업)
💴 성인 400엔, 초등학생 이하 200엔
📞 +81-5769-6-1072　🏠 kandahouse.
web.fc2.com　🔍 Kanda House

의사가 살던 집 ········ ④
나가세 주택 長瀬家

3대까지 이어서 의사를 하던 가문이 살던 집. 실제로 내부 전시품에는 에도 시대의 의료 도구가 남아 있다. 무려 11m짜리 합장 기둥을 사용해 지은 5층짜리 갓쇼즈쿠리 양식 가옥으로, 2001년 80년 만의 지붕갈이 때는 TV 취재도 왔다고 한다. 내부가 높고 복잡하기 때문에 가파른 계단이나 복도를 오갈 때는 서로 먼저 양보하는 매너가 필요하다.

🚶 시라카와고 버스 터미널에서 도보 8분 　📍 岐阜県大野郡白川村荻町823-2 　🕐 09:00~17:00(1월 1일은 10:00~17:00)
💴 성인 400엔, 초등학생 이하 200엔 　📞 +81-5769-6-1047
🏠 shirakawa-go.gr.jp/active/5/ 　🔍 Nagase House

시라카와고의 옛날 모습 그대로 ········ ⑤
시라카와고 갓쇼즈쿠리 민카엔
白川郷合掌造り民家園

갓쇼즈쿠리 야외 박물관. 민속촌 같은 느낌으로, 1968년 근처 주민들이 집단 이촌했을 때 3개의 갓쇼즈쿠리 민가를 양도해 현재의 위치에 이축한 것에서 시작되었다. 시라카와고 내부가 현재 살고 있는 주민들과 숙박 시설, 식당 등이 어우러져 옛날 느낌이 덜 나는 것에 비해 이곳은 그 시절 건축물과 전시관뿐이라 옛 모습을 상상하며 여유롭게 관람할 수 있다. 참고로 눈이 많이 올 때는 장화를 대여해준다(유료).

🚶 시라카와고 버스 터미널에서 도보 14분
📍 岐阜県大野郡白川村荻町2499
🕐 3~11월 08:40~17:00, 12월~다음 해 2월 09:00~18:00
❌ 4~11월 무휴, 12월~다음 해 3월 목(공휴일인 경우 전날 휴무) 💴 성인 600엔, 초중고생 400엔, 초등학생 미만 무료
📞 +81-5769-6-1231
🏠 www.shirakawago-minkaen.jp/english
🔍 시라카와고 갓쇼즈쿠리 민카엔

시라카와고 전경 사진은
바로 이곳에서 ...... ⑥

시라카와고 전망대
城山天守閣 展望台

시라카와고를 내려다보는 산 위에 자리한 건물. 우리가 미디어에서 흔히 보는 시라카와고 전경 사진은 거의 모두 이곳에서 촬영한 것들로, 사시사철 시라카와고의 아름다운 풍경을 감상할 수 있다. 레스토랑과 카페도 갖추어 식사도 가능하며, 특히 쌀가루로 만든 시라카와고 추로스는 SNS의 인증 사진을 찍기에 안성맞춤이다. 다만 이곳은 시라카와고의 공공 시설이 아니라 사유지이기 때문에 자주 문을 닫거나 눈, 비 등으로 통행이 불가한 경우가 많으니 주의하자. 주차도 할 수 없으며 도보나 셔틀버스로만 접근 가능하다(시라카와고 와다 주택 근처 시라카와고 전망대 셔틀버스 정류장에서 승차). 도보로 갈 경우, 생각보다 경사가 가파르고 멀기 때문에 체력과 시간 안배에 신경 쓰는 것이 좋다.

🚶 시라카와고 버스 터미널에서 도보 12분, 시라카와고 전망대 셔틀버스 정류장에서 도보 10분 ♥ 岐阜県大野郡白川村荻町2269-1 ⏰ 09:30~15:30 ✖ 부정기 📞 +81-5769-6-1728 🏠 shiroten.jp ♀ 시라카와고 전망대

의외로 잘 알려지지 않은 곳
시라카와고 전망대 셔틀버스 정류장 展望台行きシャトルバス発着所

시라카와고 전망대행 셔틀버스가 서는 곳. 전망대는 걸어서 올라갈 수도 있지만, 한여름이나 한겨울에는 체력이 소모되는 만큼 시간대가 맞는다면 셔틀버스를 이용하는 게 좋다. 약 20분마다 운행하며, 운행 시간은 계절마다 바뀌므로 현장에서 확인하자. 다만 시라카와고 전망대는 관광지가 아닌 사유지이기 때문에, 예고 없이 운행이 중단되거나 아예 휴무일 때가 있으니 참고하자.

🚶 와다 주택 근처 ⏰ 09:00~16:00 ¥ 편도 300엔(차내 정산, 현금만 가능) 🏠 shirakawa-go.gr.jp/events/141/ ♀ Shikawa-go Bus Stop Observatory

시라카와고를 감상하며 즐기는 커피 한잔 ······ ①

전통 찻집 쿄슈 文化喫茶 郷愁

시라카와고 한가운데 자리한 전통 찻집. 이곳의 하이라이트는 시라카와고 동쪽
을 향해 위치한 창가 자리인데, 겨울에는 눈 쌓인 풍경을, 여름에는 푸릇푸릇한
풍경을 느긋하게 감상할 수 있다. 향긋한 커피 한잔과 달콤한 바움쿠헨 한 조각
과 함께하다 보면 어느새 몸이 노글노글해지는 것을 느낄 수 있다. 계산은 현금
으로만 가능하니 유의하자. 시라카와고 내에는 의외로 화장실이 별로 없으니, 휴
식 겸 화장실 이용 겸 들르는 것도 좋다.

✗ 커피 600엔, 바움쿠헨 550엔
🏃 시라카와고 버스 터미널에서 도보 10분
📍 岐阜県大野郡白川村荻町107
🕐 10:00~16:00 ✖ 금, 부정기
📞 +81-5769-6-1912 🏠 www.instagram.
com/kyosyu_shirakawago/
🔍 kyoshu traditional coffee shop

에도 시대 시골 마을로 떠나보자

이누야마 犬山

#훌쩍다녀오기좋은곳 #귀여운시간여행
#추억만들기에딱

번잡한 나고야에서 메이테츠 열차를 타고 30분만
벗어나면 에도 시대의 모습을 간직한 아기자기한 도시,
이누야마에 닿는다. 나고야에서 워낙 멀리 떨어져 있는 탓에
번잡하고 시간에 쫓겨야 하는 다카야마와 달리 이곳에서는
여유롭고 한가로운 시간을 즐길 수 있다. 이누야마성에
올라 속이 뻥 뚫리는 풍경을 감상하고 성하 마을에서
달콤한 디저트와 전통 음식을 맛보노라면 제대로 된 일본
여행을 즐기고 있다는 실감이 든다.

이누야마
가는 방법

이누야마는 메이테츠 열차로 가는 것이 제일 편하고 빠르다. 이누야마를 가성비 넘치게 즐길 수 있도록 하는 게 '이누야마 성하 마을 패스犬山城下町きっぷ (이누야마죠가마치킷푸)'인데, 메이테츠 나고야역, 또는 메이테츠 가나야마역, 진구마에역의 유인 티켓 판매소에서 구입할 수 있다(예약 불가). 티켓 창구에서 "이누야마 죠-가마치 킷푸 + 필요한 표 장수의 영어 표현(손 제스처로 숫자를 표시해 주면 더 좋다)"라고 하면 판매원이 바로 알아듣는다.

메이테츠 열차 이용 🏠 top.meitetsu.co.jp

○─ **메이테츠 나고야역**

⏱ 약 30분
¥ 630엔

○─ **메이테츠 이누야마역**

**이누야마 성하 마을
패스로 어디까지
사용 가능할까?**

이누야마 성하 마을 패스는 다음과 같이 구성되어 있다.

메이테츠 전철 왕복 승차권(출발역 ↔ 이누야마역犬山駅 또는 이누야마유엔역犬山遊園駅)
이누야마성 입장권 교환권
유라쿠엔 할인권
이누야마성 상점가 할인 쿠폰
설명 쿠폰

구매일로부터 2일간 유효하며, 나고야역 출발 기준 1,380엔, 가나야마역과 진구마에역 출발 기준 1,470엔이다.

패스를 구입하면 판매원이 위 구성품을 한 장 한 장 꺼내 설명해주고, 한국어 안내장도 준다. 돌아오는 티켓도 포함되어 있으니 분실하지 않도록 주의하자.

주의 ❶ 이누야마犬山행 또는 신우누마新鵜沼駅행 또는 신카니新可児행 쾌속/특급열차를 타면 되고 약 26분 걸린다. 보통Local이라고 쓰여 있는 열차를 타면 심한 경우 1시간까지 걸리니 꼭 'Rapid Exp.', 혹은 'Exp.'라고 표시된 열차를 타자. 또 메이테츠역은 워낙 짧은 시간에 여러 열차가 오가기 때문에 승차하는 플랫폼이 모두 다르다. 놓치지 않도록 주의하자.

주의 ❷ 이누야마성이나 유라쿠엔을 기준으로 구글지도를 검색하면 이누야마역犬山駅보다 이누야마유엔역犬山遊園駅이 더 가깝다고 나온다. 보통 이누야마역에서 성하 마을을 구경한 뒤 이누야마성과 유라쿠엔을 들르기 때문에 이누야마유엔역으로 가기 쉬운데, 이누야마유엔역은 작은 역이라서 이누야마역보다 훨씬 적은 열차가 정차한다. 조금 더 걷더라도 이누야마역으로 돌아가는 것이 결과적으로 더 빨리 나고야로 갈 수 있다.

이누야마
추천 코스

이누야마는 작고 아기자기한 도시라서 당일치기 여행으로도 충분하다. 다만 많이 걷기 곤란하거나 시간이 부족할 경우 택시를 이용해 이누야마성부터 관광하면서 내려오는 원래 추천 코스의 반만 즐겨도 충분하다.

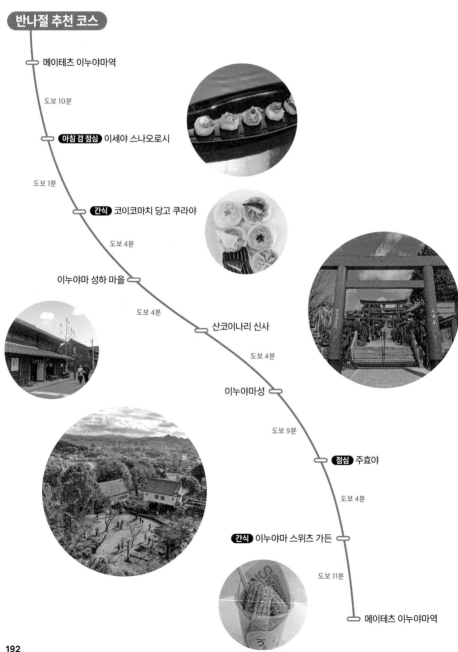

반나절 추천 코스

메이테츠 이누야마역

도보 10분

아침 겸 점심 이세야 스나오로시

도보 1분

간식 코이코마치 당고 쿠라야

도보 4분

이누야마 성하 마을

도보 4분

산코이나리 신사

도보 4분

이누야마성

도보 9분

점심 주효야

도보 4분

간식 이누야마 스위츠 가든

도보 11분

메이테츠 이누야마역

이누야마
상세 지도

이누야마유엔 🛬
犬山遊園

기소강

03 이누야마성

 02 유라쿠엔

04 산코이나리 신사

• 이누야마시 문화 사료관

이나기 카이도

주효야 02 05 이누야마 성하 마을

우노신 거리

이누야마 02
특산품관   01 이누야마 가죽 공방

04 고구마 카페 엔

혼마치 거리

다이혼마치 거리

05 이누야마 스위츠 가든

03 코이코마치 당고 쿠라야

이누야마 성하 마을
쇼와 골목   01 이세야 스나오로시

메이테츠코가네기마카라다선

N
W   E
S

0   100m

 🛬 이누야마 01
犬山

193

이누야마 관광의 시작과 끝 ⋯⋯①

메이테츠 이누야마역 犬山駅

이누야마 성하 마을 패스(犬山城下町きっぷ, 이누야마죠 가마치킷푸)를 이용한다면 반드시 들르게 되는 역. 메이테츠 나고야역에서 쾌속/특급열차 기준 26분이면 도착한다. 게로나 다카야마처럼 멀지 않고, 열차도 많아 굳이 지정석을 예매할 필요가 없기 때문에 부담 없이 오갈 수 있는 여행지다. 롯데리아 같은 패스트푸드점이나 카페가 입점해 있어, 열차 시간까지 시간을 보내기에 좋다.

🚶 메이테츠 나고야역에서 이누야마행 또는 신우누마행 또는 신카니행 쾌속/특급열차 26분
📍 愛知県犬山市犬山富士見町14 📞+81-568-61-5300
🏠 www.meitetsu.co.jp/train/station_info/line12/station/3138.html 🔎 이누야마역

일본 차 문화의 정점을 경험할 수 있는 곳 ⋯⋯②

유라쿠엔 有楽苑

한국에서도 유명한 일본 전국 시대의 영주(다이묘), 오다 노부나가의 동생인 오다 우라쿠사이가 지은 다실茶室이다. 규모가 작지만 일본의 국보로 지정되었으며, 아기자기하고 예쁘게 꾸며져 있어 사계절 다른 풍경을 자랑한다. 다만 각종 다회茶會 등을 개최해 예고 없이 휴무일 때가 있으므로 주의하자. 이누야마 성하 마을 패스에 이곳 입장료 할인 티켓이 포함되어 있다.

🚶 메이테츠 이누야마역에서 도보 19분 📍 愛知県犬山市御門先1 🕐 09:30~17:00 (입장 마감 16:30) ❌ 수, 12월 29일~1월 1일 ¥ 성인 1,200엔, 12세 이하 600엔
📞 +81-568-61-4608 🏠 www.meitetsu.co.jp/urakuen 🔎 우라쿠엔 정원

아이치현이 자랑하는 국보 ⋯⋯ ③

이누야마성 犬山城

기소강을 끼고 산꼭대기에 서 있는 성. 전란
이나 제2차 세계대전 때 파괴되지 않은 12
개 성 중 하나다. 그래서 오사카성이나 나
고야성(공사 전)처럼 콘크리트로 외형만 재
건한 것이 아닌, 목조로 지은 원래 그대로의
느낌을 생생하게 느낄 수 있다. 자신이 적군
의 병사가 되었다고 상상하며 성까지 올라
가다 보면 이곳이 얼마나 점령하기 힘든 성
인지, 일본의 전국 시대가 어느 정도로 치열
했는지 알 수 있다. 천수각에 올라가 풍경을
내려다보면, 옛 일본 영주의 권세가 얼마나
높았는지도 실감할 수 있다.

🏃 메이테츠 이누야마역에서 도보 23분
📍 愛知県犬山市犬山北古券65-2
🕘 09:00~17:00(입장 마감 16:30)
❌ 12월 29일~31일 ¥ 성인 550엔,
중학생 이하 110엔, 미취학 아동 무료
📞 +81-568-61-1711
🏠 inuyamajo.jp/ko
🔍 이누야마성

핑크색 하트로 가득한 곳 ······ ④

산코이나리 신사 三光稲荷神社

이누야마성이 자리한 산기슭에 있는 신사. 창건된 지 400년이 훌쩍 넘었다고 전해진다. 이곳의 특징은 여기 저기 가득한 핑크색 하트. 부부 화합과 연애 운을 높여 주는 것으로 유명해 공물이나 소원을 적어 매다는 나무판인 에마絵馬도 모두 핑크색 하트 모양이다. '성으로 가는 지름길'이라고 쓰인 곳에는 빨간 도리이가 줄지어 있어 훌륭한 포토 스폿이 되니 놓치지 말자.

🚶 메이테츠 이누야마역에서 도보 21분
📍 愛知県犬山市犬山北古券65-18
🕐 평일 08:30~16:30, 주말 08:30~17:00
💴 무료 📞 +81-568-61-0702
🏠 inuyama.gr.jp/sanko-s.html
🔍 산코이나리 신사

에도 시대 '시골 마을'의 멋 ······ ⑤

이누야마 성하 마을 犬山城下町

다카야마가 '에도 시대의 번화가' 모습을 간직하고 있다면, 이누야마는 '에도 시대 시골 마을'의 모습을 지니고 있다. 아기자기하고 귀여운 가게가 모여 있으며, 조금은 번잡한 다카야마와 달리 여유롭게 돌아볼 수 있다. 이누야마 성하 마을 패스에 포함된 점포에 들르면 특별 할인 상품이나 덤을 얻을 수도 있으니 참고하자. 세 곳까지 가능하며 참가 점포는 이누야마 성하 마을 패스 한국어 안내도에 나와 있다.

🚶 메이테츠 이누야마역에서 도보 15분
📍 愛知県犬山市犬山
📞 +81-568-61-2825
🔍 이누야마 성하 마을

이누야마 가죽 공방

犬山革工房

국가 공인 제작·판매 자격을 갖추고 매장에서 직접 만든 가죽 제품을 판매하는 곳. 가방과 지갑, 벨트, 문구부터 가죽 리본이 달린 헤어밴드나 차량용 스마트키 고리, 폰 케이스, 피어싱 같은 액세서리까지 다양한 제품을 취급한다. 운이 좋으면 매장에서 직접 제품을 만드는 모습도 볼 수 있다.

🚶 메이테츠 이누야마역에서 도보 14분　◎ 知県犬山市東古券677　🕐 10:00~18:00
❌ 수　📞 +81-568-61-1381　🏠 www.vinculumweb.net
🔍 Leather Goods Store Inuyama

이누야마 특산품관 犬山特産品館

이름 그대로 이누야마의 다양한 특산품을 파는 가게. 수공예품과 소품부터 전통차와 술까지 이누야마의 다양한 제품을 구경할 수 있다. 건물 자체도 실제 에도 시대 건물 형태 그대로 유지하고 있으며, 상품 역시 일본 내 관광 사이트에서 이누야마 쇼핑 만족도 1위를 차지할 정도로 수준 높다. 다만 가공 육류나 채소는 귀국 시 반입 불가 제품이 많으므로 미리 알아보고 구입하자.

🚶 메이테츠 이누야마역에서 도보 14분
◎ 愛知県犬山市犬山西古券12
🕐 10:30~15:40　📞 +81-568-62-5213
🏠 www.inuyama-tmo.com/pr10/index.html　🔍 Nishikoken-12 Inuyama

한국어를 공부하는 사장님이 운영하는 가게 ⋯⋯ ①

이세야 스나오로시 伊勢屋砂おろし

키시멘과 테마리 스시(손으로 치면서 가지고 노는 동그란 공인 테마리手鞠와 닮
았다 해서 붙은 이름) 전문점. 하나하나 정성껏 만든 테마리 스시에 감탄해 사진
을 찍으려 하면, 한국어를 공부 중이라는 사장님이 직접 만든 예쁜 일본식 배경
으로 음식을 옮겨준다. 테마리 스시는 하프 사이즈도 있으니 지역 명물인 키시
멘과 함께 즐기면 좋다.

🍴 키시멘 500엔, 테마리 스시 1,600엔
🚶 메이테츠 이누야마역에서 도보 10분
📍 愛知県犬山市犬山東古券58
🕐 10:00~17:00(L.O. 16:30)
📞 +81-568-61-5502
🔎 Iseya Sunaoroshi

한국인 입맛에도 딱 ...... ②
주효야 壽俵屋

원래 전통 깊은 절임 요리 전문점이었다가, 성하 마을 관광객을 위해 간장에 구운 주먹밥과 채소 절임을 꼬치에 끼워 판매했는데, 이 메뉴가 명물이 되어 전국적으로 유명해졌다. 특제 간장 소스로 적당히 구운 주먹밥은 바삭하고 노릇하며, 짜 보이는 절임은 막상 먹으면 밥과 절묘한 조화를 이룬다. 내부 식사도 가능하며, 본격적인 절임 요리 정찬을 맛볼 수 있다.

✕ 1개 테이크아웃 200엔, 유바 두부와 간장 주먹밥 꼬치 1,300엔, 숙성 절임 돼지고기 정식 1,450엔 🚶 메이테츠 이누야마역에서 도보 14분 📍 愛知県犬山市西古券6
🕙 10:00~17:00(L.O. 16:30) 📞 +81-568-62-7722 🏠 www.fusomoriguchi.co.jp/inouetei 🔎 Juhyoya

SNS 명소로 떠오르는 곳 ...... ③
코이코마치 당고 쿠라야 恋小町だんご～茶処くらや～

'이누야마 성하 마을 쇼와 골목犬山城下町 昭和横丁'이란 실내 먹자골목 입구에 자리한 당고 전문점. 각양각색의 예쁘고 달콤한 창작 당고가 메뉴판을 가득 채우고 있다. 테이크아웃 전문점이지만 건물 앞에 앉아서 먹을 수 있는 공간이 있다. 당고가 너무 예뻐서 먹기 아까울 정도인데, 함께 판매하는 말차와 즐기는 것을 추천한다.

✕ 딸기 당고 1개 200엔, 복숭아 당고 200엔, 딸기 팥당고 180엔
🚶 메이테츠 이누야마역에서 도보 11분 📍 愛知県犬山市西古券60
🕙 11:00~17:00 ✖ 화, 셋째 주 수 📞 +81-568-65-6839
🏠 www.instagram.com/koikomachi_official
🔎 Nishikoken-60 Inuyama

군고구마 전문 ⋯⋯⋯ ④
고구마 카페 엔 芋カフェえん

그냥 고구마가 아닌 군고구마 전문 카페. 세로로 반을 쪼갠 군고구마를 토치로 한번 더 가열해 겉을 노릇하게 구운 후 여러 종류의 토핑을 얹어주는데, 물리지 않아 무한정 먹을 수 있다. 겉보기와 달리 가게 안쪽에는 좌석이 많으니, 아기자기하게 꾸며놓은 레트로풍 좌석에서 달콤함을 만끽해보자. 주문이 들어가면 그때부터 조리를 시작하기 때문에 음식이 나오기까지 시간이 조금 걸리는 편이다. 일반 고구마 디저트도 판매한다.

🍴 군고구마 반 개 450엔, 군고구마 아이스크림 650엔, 군고구마 강아지 당고 800엔, 엔 파르페 1,200엔 🚶 메이테츠 이누야마역에서 도보 13분 📍 愛知県犬山市東古券669-1 🕐 11:00~17:00 ❌ 화 📞 +81-568-54-5125 🏠 imocafeen.jp 🔎 Higashikoken-669-1 Inuyama

스위츠 전문점 집합소 ⋯⋯⋯ ⑤
이누야마 스위츠 가든 犬山スイーツガーデン

'이누야마 성하 마을 상인들의 공생'을 테마로 탄생한 공간. 멋들어진 나무 문 안으로 손바닥만 한 크기의 아기자기한 디저트 점포가 수없이 늘어서 있다. 쇼콜라 전문점, 멜론빵 전문점, 와라비모찌(일본 전통 떡) 전문점, 바나나 음료 전문점, 카스텔라 전문점 등 수많은 디저트 가게가 저마다 매력을 뽐내며 여행자를 유혹한다. 위장에는 한계가 있으니 가게를 고를 땐 신중히 선택하자. 공간 자체도 예쁘기 때문에 SNS용 사진 찍기로도 안성맞춤이다.

🍴 점포별로 다름
🚶 메이테츠 이누야마역에서 도보 11분
📍 愛知県犬山市犬山西古券50-2
🕐 10:00~17:00
📞 +81-568-65-7656
🏠 inuyamasweets.jp
🔎 Nishikoken-50-2 Inuyama

깊은 산속에 숨어 있는 작은 보물

구조하치만 郡上八幡

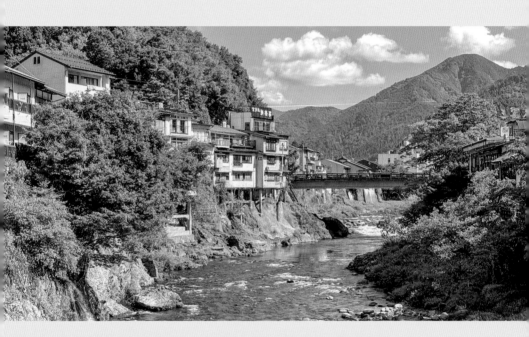

**#가장오래된목조재건성 #물의마을
#사시사철아름다운곳**

한국 여행자들에게는 비교적 생소한 이름이지만, 기후현에서는
알짜배기 관광 명소로 유명한 곳이다. 요시다강이 마을 한가운데를
가로지르며 기운차게 흐르는 것은 물론, 곳곳에 수로가 있어
'물의 마을'로도 불리며, 하늘 높이 우뚝 솟은 구조하치만성에서
내려다보는 사계절 풍경은 그야말로 장관이다. 비교적 여유로운
일정으로 나고야를 찾는다면 꼭 들러보길 권한다.

구조하치만
가는 방법

시라카와고 • ─ • 다카야마
자동차 약 1시간 10분 ─ 자동차 약 1시간 10분
구조하치만 ○ • 게로
자동차 약 1시간
자동차 약 1시간 10분
• 이누야마
○ **나고야**

구조하치만은 깊은 산속에 자리한 마을이기 때문에 대중교통으로
가기에는 조금 불편하다. 나고야역 메이테츠 버스 센터에서
고속버스를 타고 갈 수 있지만, 주말에만 운행한다. 렌터카로 여행할 경우
환상적인 위치를 자랑하는데, 나고야, 다카야마, 시라카와고, 게로 등
주요 관광지에서 모두 1시간 정도면 구조하치만으로 갈 수 있다.

기후 버스 이용 🏠 www.gifubus.co.jp/highway

메이테츠 버스 센터   구조하치만 성하 마을 플라자
├───┤
⏱ 약 1시간 35분 ￥ 2,400엔

렌터카 이용

나고야, 다카야마, 시라카와고   구조하치만
├───┤
⏱ 약 1시간 10분

나고야에서 어떻게 갈까?

나고야역 메이테츠 버스 센터에서 출발하는 버스를 타야 한다. 구조하치만 성하 마을
플라자에 정차하며, 1시간 35분 정도 소요된다(2,400엔). 토·일요일에만 운행하며, 구
조하치만행 버스편은 나고야 메이테츠 버스 센터에서 08:40에 출발하고, 나고야역행
버스편은 성하 마을 플라자에서 16:10에 출발한다.

하이웨이버스 사이트를 통해 예약 가능하다.

🏠 **예약 사이트** www.highwaybus.com/gp/inbound/index?lang=KO

예약 방법 ▶ 시라카와고 가는 방법 참고 P.183

① 노선 검색 왼쪽 '아이치현', 오른쪽 '기후현', 이후 '검색' 클릭
② 나고야~마츠모토~구죠하치만 선 '선택' 클릭
③ 승차 버스 정류장: 메이테츠 버스 센터(나고야역)
④ 하차 버스 정류장: 구조하치만(조시마치(성하 마을) 플라자)
⑤ 예약 시작

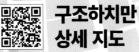

구조하치만
상세 지도

02 구조하치만성

01 구조하치만 성하 마을 플라자

혼마치 거리

도노마치 거리

야나기마치 거리

04 유향의 마을

요시다강

02 구조하치만 구청사 기념관

N
W E
S
0   100m

서플 커피 로스터스 02

01 미야가세 다리

03 카토모쿠노미세

카페 코코치 01

신마치 거리

물의 도시 구조하치만을 가장 예쁘게 담을 수 있는 곳 ······ ①

미야가세 다리 宮ヶ瀬橋

요시다강을 품은 구조하치만 마을을 가장 예쁘게 담을 수 있는 포토 스폿. 주말
과 공휴일에는 연인과 여행객의 셀카 러시가 벌어진다. 작은 다리라 인도와 차도
가 구분되어 있지 않으므로 한가운데에서 사진을 찍을 때는 주의하자.

🚶 구조하치만 성하 마을 플라자에서 도보 3분 🔍 Miyagase Bridge

구조하치만성 郡上八幡城

일본에서 가장 오래된 목조 재건성. 칼날 같은 산자락에 우뚝 서 있는 모습을 보면 일본 전국 시대 다이묘의 위상이 어느 정도인지 짐작할 수 있다. 화재로 소실된 뒤 1933년에 목조로 재건된 천수각에 오르면 바로 아래 구조하치만시는 물론, 아름다운 주변 산세를 감상할 수 있다. 봄엔 벚꽃, 여름엔 신록, 가을엔 단풍, 겨울엔 설경 등 사시사철 아름다운 풍경을 자랑한다. 대중교통으로 구조하치만을 방문했다면 성하 마을 플라자에서 상당히 걸어야 하는 데다 오르막도 가파르므로, 천수각 바로 아래까지 택시를 이용하는 것도 고려해봄직하다.

🚶 구조하치만 성하 마을 플라자에서 도보 20분　♀ 岐阜県郡上市八幡町柳町 一の平659
🕐 봄가을 09:00~17:00, 여름 08:00~18:00, 겨울 09:00~16:30　¥ 성인 400엔, 초중생 200엔　📞 +81-575-67-1819　🏠 hachiman-castle.com　🔎 구조하치만성

구조하치만 여행의 관문 ······ ①

구조하치만 성하 마을 플라자 郡上八幡城下町プラザ

대중교통이나 패키지 관광을 이용할 때 구조하치만 여행의 시작과 끝이 되는 곳. 작은 건물이지만 누가 봐도 관광객에 대한 사랑이 듬뿍 느껴질 만큼 구석구석 꼼꼼하고 깔끔하게 꾸며져 있다. 버스 터미널과 관광 안내소 및 기념품 가게를 겸하며, 소프트아이스크림 같은 간단한 디저트도 판매한다. 화장실과 코인 로커는 24시간 이용 가능하다. 운이 좋으면 중앙 광장에서 열리는 다양한 마을 행사나 소규모 축제도 볼 수 있다.

🏃 메이테츠 나고야 버스 터미널에서 고속버스로 1시간 35분(주말만 운행)
📍 岐阜県郡上市八幡町殿町69
🕐 08:30~17:00　📞 +81-575-67-2411
🏠 jokamachi-plaza.com
🔍 Gujo Hachiman Castle Town Plaza

30년 전 구조하치만의 모습을
엿볼 수 있는 건물 ······ ②

구조하치만 구청사 기념관

郡上八幡旧庁舎記念館

1994년까지 하치만마치 동사무소로 사용하던 건물. 현재는 관광 안내소 및 휴게소로 운영한다. 등록문화재로 지정될 만큼 레트로한 건축 양식이 인상적이며 옆에 흐르는 요시다강, 마을 수로와 어우러져 예쁜 풍경을 자랑한다. 다양한 지역 상품을 판매하며, 자전거 렌털도 가능하다 (일반 자전거 300엔, 전동 자전거 600엔, 08:30~17:00). 간단한 셀프서비스 식당도 이용할 수 있다.

🏃 구조하치만 성하 마을 플라자에서 도보 4분　📍 岐阜県郡上市八幡町島谷520-1　🕐 08:30~17:00　📞 +81-575-67-1819
🏠 kinenkan.gujohachiman.com　🔍 Gujo Hachiman Ky-Chosa Kinenkan

마을 한편에 숨어 있는 예쁜 목공방 ······ ③

카토모쿠노미세 KATOMOKUのお店

나고야 파르코의 메디콤 토이 플러스 나고야에서 한정 컬래버레이션 베어브릭을 판매한 적이 있는 목공방 전문 브랜드 카토모쿠KATOMOKU의 다양한 상품을 전시·판매하는 곳. 이곳의 주력 상품은 시계와 전통 나막신(게타)이며, 컵 받침이나 젓가락, 펜꽂이 등 다양한 소품도 갖추었다. 특히 추천할 만한 것은 탁상시계인데, 크기와 디자인, 색상이 다양해 나 자신이나 소중한 사람을 위한 선물로 안성맞춤이다.

🚶 구조하치만 성하 마을 플라자에서 도보 5분 📍 岐阜県郡上市八幡町島谷806-11 🕐 평일 11:00~16:00, 주말 10:00~17:00 ❌ 부정기 📞 +81-575-67-9334 🏠 katomoku.jp/SHOP/shop.html 🔎 KATOMOKU Nomise

구조하치만 최대 기념품 상점 ······ ④

유향의 마을 流響の里

구조하치만 성하 마을 최대의 기념품 판매점. 다른 일본 지역에서는 보기 힘든 기후현 특산물로 만든 특이한 과자나 케이크가 많으므로 꼭 들러보자. 특히 고구마나 밤 관련 상품이 많으며, 몇몇 제품은 훨씬 고급 브랜드로 판매해도 될 만큼 맛과 가성비가 굉장하다. 건물 2층은 식당으로도 운영해, 간단히 끼니를 때우기에 좋다.

🚶 구조하치만 성하 마을 플라자에서 도보 1분 📍 岐阜県郡上市八幡町殿町166 🕐 10:00~17:00 📞 +81-575-66-2200 🏠 www.ryukyonosato.jp 🔎 Ryukyonosato Gujo Hachiman specialty Japanese restaurant

요시다강을 내려다보며
즐기는 커피 한잔 ...... ①
카페 코코치 カフェここち

미야가세 다리 바로 옆 '요시다강 가든 테라스' 안에
자리한 카페. 널찍한 덱에서 유유히 흐르는 요시다
강을 내려다보며 커피를 마실 수 있다. 커피 외에도
크레페, 소프트아이스크림, 다양한 빙수(여름 한정)
도 판매한다. 덱에 앉아 힘차게 흐르는 강물 소리를
듣다 보면 이곳이 왜 '물의 마을'이라 불리는지 깨닫
게 된다. 카페 안쪽의 가든 테라스에는 다양한 공방
이나 의상실, 액세서리 숍 등이 있으니 흥미가 있다
면 둘러보자.

🍴 오가닉 커피 430엔, 카페라테 500엔, 말차라테 560엔,
스트로베리 크레페 550엔, 각종 빙수 695엔
🚶 구조하치만 성하 마을 플라자에서 도보 4분
📍 岐阜県郡上市八幡町橋本町887-1 🕙 10:00~17:00
📞 +81-575-67-0074 🏠 yoshidagawa.com/cocochi
🔎 Cafe Cocochi Gujo

근사한 공간에서 즐기는 갓 내린 커피의 향 ...... ②
서플 커피 로스터스 SUPPLE COFFEE ROASTERS

산지별 커피 원두의 향을 극대화한 스페셜 커피 전문점. 관광객보다 현
지인이 많이 찾는 숨겨진 맛집이다. 동일한 원두를 선택해도 로스팅 방
법까지 즉석에서 골라 서로 다른 맛과 향을 즐길 수 있을 정도로 전문
화된 기술을 자랑한다. 창가 자리에 앉으면 아름다운 요시다강의 풍경
이 눈에 들어오며, 카페 바로 옆에는 목
공방을 비롯한 여러 공방이 위치해 구경
하는 재미가 쏠쏠하다.

🍴 각종 로스팅 커피 400엔부터 🚶 구조하치만 성하
마을 플라자에서 도보 6분 📍 岐阜県郡上市八幡町本町
🕙 10:00~19:00 ❌ 목 🏠 supplecoffee.thebase.in
🔎 Supple Coffee Roasters Gujo

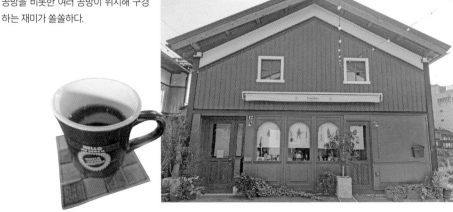

PART 5

실전에
강한
여행 준비

🧳 여행 준비 캘린더

D-90~30

· 왕복 항공권 구매
· 숙소 예약
· 여권 만들기
· 여행 일정 & 예산 계획
· 장거리 교통수단 예약
· (렌터카 이용 시) 국제 운전면허증 만들기 & 렌터카 예약

추천 렌터카 예약 사이트 타비라이 재팬(한국어 자동 지원)
🏠 kr.tabirai.net/car/

D-15

· 데이터 사용 수단 정하기 & 구매(예약)하기 P.214
· 할인 입장권 & 패스 구매하기
· 캐리어를 비롯한 여행 가방 상태 확인하기

D-7

· 환전 또는 환전 예약
· (선택) 비짓 재팬 웹 예약
· 면세점 쇼핑(온라인 또는 오프라인)
· 인터넷 여행자 보험 들기

D-3

· 짐 꾸리기
· 현지 일기 예보 체크하기

D-1

짐 최종 체크
① 여권
② 항공권과 각종 티켓, 패스, 할인권 등
③ (렌터카 이용 시) 국제 운전면허증 & 국내 면허증
④ 각종 충전 케이블

⑤ 여행용 멀티어댑터 또는 110V 돼지코
⑥ 상비약
⑦ 휴대용 우산
⑧ 동전 지갑
⑨ (선택) 여행자 보험 가입 영문 증명서
⑩ (선택) 여권 앞면 복사본이나 스마트폰으로 촬영한
   여권
⑪ 기타 개인 용품

★ 비짓 재팬 웹을 하지 않았다면 일본 숙소 영문명 및
  영문 주소와 전화번호 메모하기
★ 공항까지 교통편 다시 한번 확인하기
★ 알람 맞추기

D-Day ✈️

· 공항에 2시간 30분 전까지 도착하기
· (선택) 공항에서 환전 금액 찾기 또는 환전하기
· (선택) 공항에서 로밍 가입 또는 유심이나 로밍 단말기
  수령
· (선택) 여행자 보험 가입하기
· 체크인 카운터 또는 체크인 단말기에서 보딩 패스 수령
· (선택) 사전에 쇼핑한 면세품 찾기
· 탑승구 확인하기 & 늦지 않게 도착하기

미리 준비해 가면 좋은 것들

· **지퍼 백** 일본에서는 출국 시 휴대 수하물로 허용된 100ml 이
  하의 액체라도 공항에 따라 지퍼 백에 담겨 있지 않으면 버리
  게 하는 경우가 있다.
· **1회용 스푼** 일본은 젓가락의 나라다. 편의점에서 도시락을 구
  입하더라도 젓가락만 주기 때문에 몇 개 챙겨 가면 생각보다
  유용하다.
· **여권 사진/서명면 복사본** 여권을 잃어버렸을 때 이 서류 한 장
  만 있어도 임시 여권을 금방 발급받을 수 있다. 복사가 힘들다
  면 스마트폰으로 촬영해 놓자.
· **개인 슬리퍼(실외용)** 대욕장이 있는 호텔이나 료칸 등을 갈 때
  매우 유용하다. 전통 나막신을 무료로 제공하는 경우도 많지
  만, 발과 맞지 않아 상처가 날 때가 종종 있다.
· **Type C to Type C 케이블** 최신식 호텔이나 렌터카의 경우
  USB 포트 대신 Type C 포트만 있는 경우가 있다.
· **(대학생인 경우) 대학교 학생증** 사적이나 명승지에서 보여주
  면 할인 받을 수 있는 경우가 많다.

✈️ 출입국 절차

일본으로 입국하기

터미널 확인

주부 센트레아 국제공항은 1터미널과 2터미널로 나뉘어 있으며, 항공사별로 도착하는 터미널이 다르다. 출국할 때도 동일하다.

1터미널	대한항공, 아시아나항공, 진에어
2터미널	제주항공

2터미널로 입국하는 경우, 나고야 시내로 이동하기 위해서는 입국 심사를 마친 후 1터미널로 이동해야 한다. 2터미널에서 이용할 수 있는 교통수단은 사실상 택시밖에 없다. 2터미널과 1터미널은 도보로 15분 정도 떨어져 있으며, 터미널 간 무료 셔틀버스를 운행한다.

입국 신고

일본에 입국하기 위해서는 입국 신고서와 세관 신고서를 작성해야 하는데, 두 가지 방법이 있다.

① 종이 신고서

한 사람당 입국 신고서와 세관 신고서, 2장을 작성해야 한다. 세관 신고서는 가족당 1장. 영문과 숫자로 작성하면 되고, 항공기에서 착륙 전에 나눠준다. 사전에 비짓 재팬 웹을 했다면 받지 않아도 된다. 이름과 항공기 편명, 일본 숙소 주소와 전화번호 등을 기입하면 된다. 비행기 안에서 작성하지 못했거나 잘못 작성했더라도 입국 심사장에서 얼마든지 작성할 수 있으니 안심하자.

② 비짓 재팬 웹
Visit Japan Web / ビジット・ジャパン・ウェブ

코로나 이후 2022년 6월부터 시행된 전자화 입국 신고 시스템이다. 일본의 주요 국제공항인 하네다(도쿄), 나리타(도쿄), 간사이(오사카), 후쿠오카, 나하(오키나와), 신치토세(삿포로), 주부 센트레아(나고야), 센다이에서 사용 가능하다. 사전에 가입 및 로그인을 해야 하며, 여행 일정을 등록하고 기존 종이 신고서에 쓰던 내용을 웹에 입력하면 QR 코드를 받을 수 있는데, 이것으로 입국 심사대와 세관 검사를 간편하게 통과할 수 있다. QR 코드는 언제든 재접속해 확인할 수 있지만, 편의를 위해 화면을 캡처해 두는 것을 추천한다. 결제를 유도하는 가짜 사이트나 피싱 사이트도 많으니 조심하자.

🏠 www.vjw.digital.go.jp

한국으로 출국하기

터미널 확인

입국할 때와 마찬가지로 주부 센트레아 국제공항은 1터미널과 2터미널에서 출발하는 항공사가 각각 다르다. 2터미널을 통해 한국으로 돌아오는 경우 리무진 버스, 메이테츠 철도를 이용해 액세스 플라자에 도착한 뒤 2터미널로 이동하기 위해서는 도보로 10여 분이 소요되며 무료 셔틀버스를 이용하면 시간이 더 걸린다.

> 체크인 카운터는 보통 출발 시간 2시간 30분~2시간 전에 오픈하는데, 성수기 주말은 많은 인파가 몰리므로 가급적 2시간 30분 전에 도착하도록 일정을 짜는 것이 좋다. 일행이 많고 큰 짐이 많다면 클룩 등의 앱을 통해 공항 샌딩 차량을 예약하는 것도 고려해 봄 직하다. 숙박한 호텔 로비에서 택시를 예약할 수도 있다.

입국 심사

일본은 출국을 위한 보안 검사가 한국보다 깐깐한 편이다. 기내 반입을 허락하는 100ml 이하 용기에 담긴 액체라도 지퍼 백에 담지 않으면 그냥 통과되는 경우도 있지만 반입이 불가해 버려야 하는 경우도 있다. 별문제 없어 보이는 물건도 조금만 이상하다 싶으면 캐리어나 가방을 열어달라고 요청하므로 출국 전날 밤 짐을 쌀 때 꼼꼼히 체크하자. 참고로 겨울철 여행을 위해 아이젠을 챙겼다면 기내로 들고 탈 수 없으므로 주의! 한국에서는 문제 삼지 않지만 일본에서는 날붙이로 취급된다.

지역별 인기 숙박 구역

나고야

나고야의 숙소는 나고야역과 사카에 지역에 집중적으로 모여 있다. 각 지역의 장단점을 알아보고 자신의 여행 스타일에 맞는 곳을 골라보자.

> 나고야는 관광도 관광이지만 무엇보다 일본에서 내로라하는 공업 & 상업 도시이기 때문에 국내외 비즈니스맨의 출장이 잦아서 그만큼 숙박 시설이 많다. 성수기 주말을 바로 앞둔 시점에도 어떻게든 숙박을 할 수 있을 정도다. 다만 일본 어디나 그렇듯 골든 위크나 크리스마스, 연말 등은 아무리 나고야라도 빈방이 없을 수 있으니 해당 시기에 여행을 계획한다면 미리 대비하도록 하자.

 나고야역

😊 장점

· 공항과의 이동 편의성이 매우 높다.

· JR 열차와 메이테츠 열차, 메이테츠 버스를 모두 이용할 수 있어서 다카야마와 게로, 이누야마 등 주변 지역으로의 이동이 편리하다.

· 밤거리가 비교적 조용해 숙면을 취할 수 있다.

· 렌터카 지점과 코인 주차장이 많아 렌터카 이용에 편리하다.

☹ 단점

· 사카에 지역에 비해 평균적으로 숙소 비용이 높다.

· 유동 인구가 워낙 많기 때문에 대부분 맛집에 엄청난 대기가 있다.

· 쇼핑 스폿이 다양하지 않다.

· 드넓은 나고야역을 종단, 또는 횡단해야 할 경우가 많아 생각보다 체력 소모가 많다.

📍 사카에

😊 **장점**

- 매력 넘치는 쇼핑 스폿이 다양하다.

- 나고야역에 비해 유동 인구도 적고 맛집 수도 훨씬 많기 때문에 맛집 대기가 상대적으로 덜하다.

- 가성비 좋은 저렴한 숙소가 많다.

- 다양한 이자카야에서 시끌벅적한 밤 문화를 즐길 수 있다.

😞 **단점**

- 공항을 오가기가 불편하다.

- 밤이 되면 거리마다 가득한 취객의 소음 때문에 숙면하기 힘든 숙소가 많다.

- 다카야마와 게로, 이누야마 등 주변 지역으로의 이동 시간이 더 걸린다.

📍 나가시마 스파랜드

- 온천과 테마파크, 아웃렛 쇼핑을 한 번에 즐길 수 있다.

- 미츠이 아웃렛 파크 재즈 드림 나가시마와 나가시마 스파랜드 등이 매우 넓고 방대하기 때문에 하루로는 모두 즐기기 힘들다.

- 현대적인 호텔과 료칸식 호텔, 리조트형 호텔을 갖추었으며, 가격대도 다양하다.

📍 게로

- 도심의 번잡함을 피해 자연 속 료칸에서 느긋하게 쉴 수 있다.

- 게로의 온천수는 일본에서도 손꼽히는 명천이다.

- 아기자기한 일본의 온천 마을을 만끽할 수 있다.

📍 다카야마

- 나고야에서 출발하는 것보다 안정적으로 시라카와고 여행을 계획할 수 있다.

- 대부분 호텔은 다카야마역 주변에 있으며, 산마치 전통거리보존지구까지 걸어서 이동할 수 있다.

- 제대로 된 히다규 요리를 느긋하게 즐길 수 있다.

나에게 맞는 휴대폰 데이터 사용 방법은?

해외여행의 필수품인 스마트폰. 그런 만큼 나에게 맞는 데이터 상품을 고르는 것이 중요하다.

데이터 로밍

통신사 로밍 서비스 이용 방식

장점
- 통신사 앱이나, 홈페이지, 고객 센터에 전화해 신청할 수 있다. 공항 로밍 센터에서도 신청 가능해 더욱 편하게 이용할 수 있다.
- 로밍 요금제가 적용되지만 한국 전화번호 그대로 사용 가능하다.
- 유심처럼 휴대전화 설정을 변경할 필요가 없다.
- 일별로 내는 요금제가 있으며, 데이터 기준으로 3일, 5일로 묶어 놓은 상품 등 다양한 요금제 상품이 있다.

단점
- 1일 약 1만 원 이상의 요금이 든다.

유심(USIM)

일본 유심 칩을 구매해 스마트폰에 끼우는 방식

장점
- 요금이 저렴하다.

단점
- 자신의 전화번호는 여행 기간 동안 사용할 수 없다.
- 일본에 도착해 휴대 전화 설정을 바꿔야 한다.
- 사전 예약해야 하고 공항에서 지정된 수령처까지 찾아가야 한다.
- 기존 유심 칩을 분실할 위험이 있다.

이심(eSIM)

QR 코드를 이용해 스마트폰 내에 설치하는 방식
(물리적인 유심 칩의 단점을 해결한 디지털 방식의 일본 전화번호 사용법)

장점
- 칩을 교체할 필요가 없어 유심 칩을 분실할까 봐 걱정할 필요 없다.
- 1일 요금 3,000~4,000원으로 저렴하다.

단점
- QR 코드를 인식해 스마트폰에 설치해야 해서 세팅이 생각보다 복잡하다.
- 지원되는 기기가 한정적이다.

로밍 단말기(포켓 와이파이)

보조 배터리 정도 크기의 와이파이 기기를 일정 기간 대여해 사용하는 방식

장점
- 하나의 기기로 2명 이상 사용 가능하다.
- 로밍 요금제보다 훨씬 저렴하다.
- 휴대폰 외에도 노트북, 태블릿 PC 등을 연결해 사용할 수 있다.

단점
- 스마트폰의 로밍 설정을 끄고 와이파이 전용 설정으로만 사용해야 하기 때문에, 여행 기간 동안 문자는 수신할 수 없다.
- 기기와 멀어지면 와이파이가 잘 잡히지 않는다.
- 최소 출국 3일 전까지 신청해 택배 또는 공항에서 직접 수령해야 한다.

대표적인 단말기 대여 업체
🏠 와이파이 도시락 www.wifidosirak.com

유용한 애플리케이션

구글 맵스
Google Maps

일본 여행의 필수 앱 No.1. 위치, 별점, 리뷰는 물론, 한국에서는 지원하지 않는 내비게이션 기능도 지원한다.

전자책
eBook

여행지에서 〈리얼 나고야〉 e-북을 읽으려면 필수!

트립어드바이저
Tripadvisor

현지에서 숙소를 예약할 때 빈방 유무와 리뷰를 체크하기에 매우 유용하다.

호텔스닷컴
Hotels.com

트립어드바이저에서 체크한 정보로 실제 예약을 할 때 편리하다. 특히 같은 숙소 내에서도 무료 환불 기간을 내건 상품이 있는 경우가 많으니 잘 살펴보자.

마이뱅크
Mybank

간편 여행자 보험 가입 앱. 당연히 출국 전에 가입해야 하며, 가입 승인 절차가 매우 빠르고 편리하다. 무엇보다 여행자 보험 가입 증명서를 영문으로 쉽게 발급받을 수 있다. 일본 현지에서 사고 등으로 병원을 이용하게 되면 반드시 이 서류가 필요하다.

파파고
Papago

일본어를 모른다고 겁낼 필요 없다. 번역 앱의 카메라로 찍으면 사진에서 바로 번역이 되어 나오기 때문에 일본어 간판이나 메뉴판 등도 문제없다. 구글 번역 앱과 파파고 앱의 사용 방법이나 기능은 비슷한데, 파파고가 좀 더 자연스러운 한국어를 구사한다.

클룩
Klook

동남아 여행의 필수 앱으로 여겨지지만 일본에서도 사용할 일이 생각보다 많다. 특히 나가시마 스파랜드, 레고랜드 같은 유원지 입장권이나 시라카와고 투어 상품 같은 것은 생각보다 쏠쏠하다. 공항행 교통편 예약도 편하고 저렴하게 이용할 수 있다.

스카이스캐너
Skyscanner

일본은 태풍, 호우, 강설, 지진 등이 잦은 나라이기 때문에 항공편 연기나 결항이 생각보다 많이 일어난다. 그럴 때를 대비해 항공편 검색 및 예약 앱을 하나쯤 준비하는 것이 좋다. 단, 항공사 공식 홈페이지나 앱을 통한 구매가 아닌, 통합 검색 앱에서 구매하면 이후 환불 및 변경이 어려우니 비상시에만 이용하는 것이 좋다.

💬 리얼 일본어 여행 회화

기본 인사말

(아침 인사) 안녕하세요.
おはようございます。
🔊 오하요-고자이마스.

(낮 인사) 안녕하세요.
こんにちは。 🔊 콘니치와.

(밤 인사) 안녕하세요.
こんばんは。 🔊 콘방와.

고맙습니다.
ありがとうございます。
🔊 아리가토-고자이마스.

공통

실례합니다.
すみません。
🔊 스미마셍.

'스미마셍'은 일본에서 마법의 말이다. 사람이 많은 곳을 지나갈 때, 식당에서 점원을 부를 때, 사람에게 말을 걸 때, 실수로 다른 사람의 발을 밟았을 때 등등 거의 모든 상황에서 사용할 수 있다. 영어의 'Excuse Me'와 비슷하다고 생각하면 된다. 입이 쉽게 떨어지지 않을 때는 이것만 명심하자. 일단 무조건 '스미마셍'.

(가격이) 얼마입니까? 숫자로 표시해주십시오.
いくらですか？ナンバーで表示してください
🔊 이쿠라데스까? 난바-데 효-지시떼 구다사이.

보통 '이쿠라데스까?'만 사용하는 경우가 많은데, 보통 이 말만 사용하면 상대가 일본어로 가격을 말해주는 경우가 많다. 뒤에 이 한 문장을 덧붙이면 계산기나 영수증으로 가격을 알려주기 때문에 편리하다. '난바'는 영어의 '넘버'이므로 외우기도 편리하다.

잠시만 기다려주십시오.
少々お待ちください。
🔊 쇼-쇼-오마치 구다사이.

생각보다 사용할 일이 많은 말이다. 특히 통역 앱이나 지도 앱을 상대에게 보여줘야 할 때, 계산대에서 잔돈을 꺼낼 때 등의 상황에서 사용하면 상대도 당황하지 않고 차분히 기다려준다. 일본에서는 'Please Wait a Moment' 같은 영어도 거의 통하지 않는다.

화장실은 어디입니까?
トイレはどこですか？
🔊 토이레와 도코데스까?

화장실을 찾는다면, '토이레' 한마디로 해결된다. 좀 더 점잖은 표현으로는 '오테아라이お手洗い'가 있으며, 의미는 동일하다.

택시에서

~까지 부탁드립니다.
~までお願いします。
🔊 ~마데 오네가이시마스.

택시를 타고 행선지를 말할 때 사용한다. 행선지는 또박또박 말하는 것이 도움이 된다. 행선지가 잘 전달되었다면 안전벨트(일본어로 시-토베루토)를 하는 것도 잊지 말자.

영수증은 괜찮습니다.
レシートは大丈夫です。
🔊 레시-토와 다이조부데스.

일본에서 택시를 이용했던 사람이라면 목적지에 도착해 요금을 지불한 뒤 기사님이 뭐라고 말하는 걸 듣고 당황한 기억이 있을 것이다. 높은 확률로 '영수증(료슈-쇼)이 필요하십니까?'란 의미이며, 이 말을 하면 나도 기사님도 당황하는 일 없이 내릴 수 있다. 참고로 식당이나 이자카야에서도 계산한 뒤 사용하면 편하다.

여기서 내리겠습니다.
ここで降ります。 🔊 고고데 오리마스.
갑자기 내려야 할 일이 있을 때 사용하자.

한국어나 영어로 된 메뉴는 없습니까?
韓国語や英語のメニューはありませんか？
🔊 칸고쿠고야 에이고노 메뉴-와 아리마센까?

동네의 작은 가게가 아니고서는 나고야의 가게는 대부분 한국어나 영어로 된 메뉴를 갖추고 있다. 혹시 없다고 하면 파파고 앱의 이미지 스캔 번역 기능을 사용하자.

명승지에서

어른 / 학생 / 어린이 + 영어 숫자
大人 / 学生 / 子供
🔊 오토나 / 가쿠세이 / 코도모

표를 끊을 때 가장 확실하고 쉬운 대화 방법이다. 단, 영어로 숫자를 말할 때 원어 발음 대신 가타카나식 표현인 '원 one', '츠-two', '스리three', '포four'로 발음해야 한다. 예를 들어 '학생 2명'을 표현한다면, '가쿠세이, 츠-'라고 말하면 된다. 손가락 제스처를 곁들이면 더 좋다.

출구는 어디입니까?
出口はどこですか？
🔊 데구치와 도코데스까?

길을 잃었을 때 사용하자.

편의점에서

봉투에 담아주세요.
袋をお願いします。
🔊 후쿠로오 오네가이시마스.

일본 여행 초보자들에게 가장 필요한 일본어 중 하나. 현재 일본에서는 범국가적으로 환경 보호 캠페인을 하고 있기 때문에 봉투가 필요하다고 해야 주는 경우가 많다. 물론 점원이 먼저 물어보긴 하지만 일본어를 모른다면 알아듣지 못하므로 내 쪽에서 먼저 말하자.

젓가락 / 숟가락 + 영어 숫자
箸 / スプーン
🔊 하시 / 스푼

일본 편의점에서는 기본적으로 젓가락과 숟가락이 필요한 제품(도시락, 푸딩 등)을 샀을 때 계산대에서 함께 담아준다. 하지만 보통 하나씩만 주기 때문에, 더 필요한 경우에는 요청하자. 예를 들어 젓가락을 하나 더 달라고 할 때 '하시, 원'이라고 하면 된다. 손가락 제스처를 곁들이면 더 좋다.

공항에서

기내용입니다(비행기에 들고 탑니다).
機内用です。
🔊 키나이-요데스.

체크인 카운터에서 보딩 패스를 끊을 때, 부칠 짐이 없는지 물어볼 때, 작은 캐리어나 가방 등도 함께 부칠 거냐고 물어보는 경우가 많다. 캐리어나 가방을 가리키며 뭐라고 한다면 위의 질문일 경우가 많으므로 '키나이-요데스'라고 말하면 간단히 넘어갈 수 있다.

체크인 카운터로 돌아가서 부치고 싶습니다.
チェックインカウンターに戻って預けたいです。
🔊 체크인 카운타-니 모돗테 아즈케타이데스.

체크인 카운터에서 짐 안에 들어 있는 허용 용량 초과 화장품이나 술 등을 깜빡하고 부치지 않았다면 출국장의 보안 검사대에서 걸린다. 일반적으로는 무조건 '가지고 탈 수 없습니다'라고만 표현하며 완강히 버리라고 하는데, 이 말을 하면 해당 물품을 들고 보안 검사대를 역주행해 체크인 카운터로 보내 줄 수 있다. 다시 말하지만, 일본은 보안 검사대에서도 영어가 거의 통하지 않는다.

🔍 찾아보기

찾아보기